한 달의 후쿠오카

한 달의 후쿠오카

행복의 언덕에서 만난 청춘, 미식
그리고 일본 문화 이야기

오다윤 지음

세나북스

프롤로그

"후쿠오카는 2박 3일이면 충분하지."
"잠깐 다녀오는 여행으로는 후쿠오카가 최고야."

가깝고 싸고 맛있는 음식이 많은 도시, 후쿠오카. 처음 후쿠오카에 간다고 했을 때 주위 반응은 두 가지였습니다. '나도 가 봤어!'와 '한 달이나 거기서 뭐 해?' 후쿠오카는 한국 사람들에게 가장 선호하는 여행지이자 잠시 일본에 다녀올 때 가기 좋은 그런 곳이었습니다. 후쿠오카는 정말 그런 곳일까요? 누가 이런 기준을 만든 것일까요?

행복의 핵심을 한 장의 사진에 담는다면 어떤 모습일까? 그것은 좋아하는 사람과 함께 음식을 먹는 장면이다. 문명에 묻혀 살지만, 우리의 원시적인 뇌가 가장 흥분하며 즐거워하는 것은 바로 이 두 가지다. 음식, 그리고 사람.

　　　　　　　　　　　　　　　　　　　　　- 서은국, 『행복의 기원』중에서

저는 이 행복의 정의에 가장 잘 어울리는 도시가 후쿠오카라고 생각합니다. 후쿠오카는 일본에서도 손꼽히는 미식의 도시입니다. 일본을 대표하는 음식 돈코츠 라멘, 소바, 우동, 모쓰나베, 만쥬의 발상지가 후쿠오카라는 사실을 알고 계신가요? 후쿠오카는 지리적으로 가까운 한국과 오랜 교류의 역사를 가지고 있어 유독 한국 사람에게 친절하고 인정이 넘칩니다. 제가 후쿠오카에서 만났던 사람들의 이야기를 이 책에서 하나씩 풀어나가도록 하겠습니다. 또한 후쿠오카는 도시의 편리성과 자연의 아름다움을 모두 갖춘 '콤팩트 도시'이면서 조금만 외곽을 나가도 천혜의 자연, 아름다운 해변과 산, 유수의 온천이 있습니다. 후쿠오카는 알면 알수록 더욱 궁금해지는, 우리를 '먹고 즐기고 움직이게 하는 도시'입니다.

언젠가부터 제 인생에서 가슴 두근거리는 방학은 다시 오지 않을 거라 생각했습니다. 매일 새로운 것에 가슴 떨리고 내일을 기대하며 잠드는 어린아이와 같은 호기심과 순수함은 이제 내게는 없다며 외면해왔다고 표현하는 편이 더 적절할 듯합니다. 그랬던 제게 세나북스 대표님의 제안으로 한 달간의 겨울 방학이 주어졌습니다. 그리고 후쿠오카에서 보냈던 소중한 나날들을 모아 한 권으로 묶었습니다. 제 책을 보시는 분들이 여행을 같이 즐겨주시기를 바라며 서론은 이 정도로 마무리하고 본격적으로 후쿠오카 이야기를 시작해 보겠습니다.

바람이 유독 차게 느껴지던 어느 겨울날, 후쿠오카福岡 행복의 언덕으로 떠났습니다.

오다윤 드림

* 실제 후쿠오카 여행 기간은 2023년 1월 18일~2월 19일로 총 33일입니다

Contents

행복의 언덕에서 만난 청춘, 미식

그리고 일본 문화 이야기

설레는 시작, 후쿠오카

야마야 베이스 다자이후

다자이후텐만구

마에다야 모츠나베

드디어 후쿠오카로 한 달 살기를 떠나는 날이다. 여행은 언제나 벅차고 설레지만, 이번 여행은 유독 실감이 나지 않았다. 어제 낮까지만 해도 기대감에 들떠서 '후쿠오카에 가면 맛있는 음식을 실컷 먹고 주말에는 예쁜 카페에 가서 힐링도 하고 공원에서 여유롭게 산책도 해야지~' 하며 혼자 이런저런 계획을 세웠는데, 저녁때는 '한 달간 잘 지낼 수 있을까? 아무 일 없겠지? 갑자기 아프면 어떡하지?' 같은 괜한 걱정에 밤새 잠을 이루지 못했다.

결국 잠을 한숨도 자지 못한 채 비몽사몽 상태로 집을 나섰다. 공항에 도착하니 그제야 한 달 살기를 떠난다는 실감이 조금씩 났다. 인천공항에서 단 1시간. 비행기를 타면 후쿠오카가 얼마나 한국과 가까운 곳인지 실감하게 된다. 일본 드라마 '고독한 미식가'의 주연 배우 마쓰시게 유타카는 후쿠오카 출신인데, 어렸을 때 라디오를 틀면 한국의 라디오 방송이 흘러나오곤 했단다. 라디오를 통해 들려오는 낯선 한국어를 들으며

한국이 언젠가는 꼭 한번 가보고 싶은 동경의 나라였다고. 후쿠오카가 한국과 얼마나 가까운 지역인지 느낄 수 있었던 일화라 기억에 남는다.

나의 설렘과 기대를 함께 태운 비행기는 무사히 후쿠오카 공항에 착륙했다. 후쿠오카에는 비가 조금씩 내리고 있었고 늦가을 정도의 쌀쌀

함이 느껴졌다. 도착 게이트를 나와 길고 긴 입국 심사를 통과하여 도착한 로비에서 2박 3일간 후쿠오카에서 함께 지낼 하라쨩을 만났다. 하라쨩은 하네다 공항에서 지상직으로 일할 때 만났던 회사 선배인데, 이번에 후쿠오카로 한 달 살기를 간다고 말하니 나를 따라 도쿄에서 후쿠오카로 여행을 왔다.

반갑게 인사를 나누고 예약해 둔 포켓 와이파이를 받기 위해 하카타역으로 향했다. 후쿠오카는 공항과 도심이 매우 가깝기로 유명한데, 후쿠오카 공항에서 교통과 상업의 중심지라 불리는 하카타까지 지하철로 단 10분이 걸린다. 여행 때 공항까지 오고 가는 일이 늘 만만치 않은 관문이었는데, 후쿠오카에서는 이런 걱정을 할 필요가 없었다. 하카타역에서 내려 마주한 후쿠오카는 도쿄보다는 소박하지만, 오사카나 교토가 있는 간사이 지역과는 또 다른 느낌의 번화가면서 일본 소도시보다는 활기찬, 독특한 매력을 지닌 도시였다.

특히 인상적이었던 점은 상점마다 빽빽이 놓여 있는 후쿠오카의 명물 멘타이코(명란젓), 아마오우(후쿠오카의 명물 딸기) 관련 상품들이었다. 일반적으로 명품 브랜드나 의류 매장이 즐비한 다른 일본 번화가와는 사뭇 다른 풍경이었다.

우리의 첫 후쿠오카 여행지는 다자이후텐만구太宰府天満宮였다. 다자이후텐만구는 하카타에서 버스로 30~40분 만에 갈 수 있는 후쿠오카 대표 근교 여행지로 학문의 신을 기리는 신사다. 그런데 처음부터 문제가 생겼다. 다자이후에 갈 때 타려 했던 '다자이후 특별 열차 타비토'가 마침

딱 오늘 수요일이 휴무였다. 열차가 쉬는 날도 있다니?! 꼭 타보고 싶었는데 너무 아쉬웠다. 하지만 어쩌랴. 결국 열차가 아닌 같은 계열의 타비토 버스를 타러 하카타역 버스터미널로 갔는데, 이번에는 또 타비토 버스가 사고 때문에 1시간 넘게 늦게 온단다. 결국 야쿠인 역까지 일반 시내버스를 타고 갈 수밖에 없었다.

그렇게 정신없이 도착한 다자이후. 조용하고 고전적인 매력을 담뿍 담고 있는 도시였다. 일본은 4월에 학기를 시작하고 1~2월이 대학 입시 철인데, 그래서인지 다자이후텐만구는 자녀가 좋은 대학에 합격하기를 기원하러 온 부모님과 수험생들로 북적였다. 왜 입시 철에 일본 사람은 다자이후텐만구를 찾는 것일까? 다자이후텐만구는 일본에서 학문의 신으로 추앙받는 헤이안 시대 문인 스가와라 미치자네菅原道眞 845~903를 모시는 신사다. 어떤 것도 신이 될 수 있는 일본이라지만, 황족이 아닌 일반 사람을 신으로 모셔 신궁까지 세우는 일은 매우 드문 일이다.

스가와라 미치자네는 귀족 출신으로 고결한 성품의 뛰어난 정치가이자 학자였다. 국가시험에 전례 없이 이른 나이에 합격하고 승승장구하여 천황의 깊은 신임을 얻고 정계의 주요 인물이 되었다.

하지만 그 당시 막강한 권력 세력이었던 후지와라 가문의 모함으로 미치자네는 다자이후로 유배되는데 부와 지위를 모두 잃은 힘든 상황 속에서도 절망하지 않고 천황에 대한 충성을 지켰다고 한다. 이러한 타의 추종을 불허한 학식과 고결하고 청렴한 성품은 백성들의 큰 존경을 받았는데, 그가 죽은 이듬해부터 교토에 큰 홍수와 역병, 화재, 가뭄, 대기근 등 여러 재난이 잇따랐다. 급기야 미치자네를 축출했던 후지와라 가의 사람이 원인을 알 수 없는 병으로 죽자, 사람들 사이에선 이 모든 재앙이 미치자네의 원혼 때문이라는 소문이 퍼지기에 이른다. 결국 미치자네가 죽은 지 16년 만인 919년, 미치자네가 죽은 곳에 신사를 세우고 제사를 지내기 시작하였는데 이것이 다자이후 텐만구의 기원이다. '텐만구'는 스가와라 미치자네를 기리는 신사에 붙이는 명칭인데, 일본 전국에 약 1만 2천여 곳이 있고 그중 다자이후 텐만구가 가장 유명하다.

야마야 베이스 다자이후

다자이후역을 나오니 역에서 다자이후텐만구로 이어지는 약 200m 길이의 오모테산도表参道가 나왔다. 바로 들어가고 싶었지만, 그 전에 먼저 들릴 곳이 있

었다. 일본 MZ세대가 다자이후텐만구에 오면 가장 먼저 찾는다는 야마야 베이스 다자이후YAMAYA BASE DAZAIFU다. 야마야 베이스 다자이후는 명란 바게트 전문 브랜드로 바로 구워낸 따끈따끈한 바게트 안에 명란을 듬뿍 넣은 멘타이 프랑스明太フランス를 판매하는 가게다. 오모테산도 초입에 있어서 바로 찾을 수 있었고 가게 앞에는 까만 교복을 입은 학생들이 삼삼오오 모여 명란 바게트를 먹고 있었다. 우리도 멘타이프랑스를 하나 주문해서 나눠 먹기로 했다. 멘타이 프랑스의 명란은 특유의 향과 맛이 풍부하면서도 버터같이 부드러웠고 바게트는 진짜 프랑스 바게트를 먹는 듯 바삭하게 씹히면서 안은 촉촉했다. 쌀쌀한 날씨, 갓 구운 따끈따끈한 명란 바게트는 추위에 차가워진 몸을 살며시 녹여주었다. 멘타이코(명란)가 지역 명물인 후쿠오카에서는 어느 빵집에 가도 명란 바게트를 팔고 있다고 한다. 후쿠오카에 오면 꼭 먹어봐야 할 빵 1순위다.

다자이후텐만구

맛있는 명란 바게트를 먹고 본격적으로 오모테산도로 들어갔다. 깨끗하고 정갈한 거리에 각종 상점이 즐비했는데, 그중 유독 사람들이 줄을 서서 기다리는 곳을 보면 어김없이 우메가에모찌梅ヶ枝餅를 파는 가게들이었다. 가게마다 규모도 천차만별이라 공장처럼 기계적이고 체계적으로 우메가에모찌를 찍어 내는 곳이 있는가 하

면, 붕어빵을 만들 듯 작은 틀로 정성스럽게 조금씩 구워내는 가게도 있었다. 우메가에모찌라는 이 떡에도 스가와라 미치자네에 얽힌 설화가 있다. 스가와라 미치자네가 다자이후로 좌천되어 식사도 제대로 하지 못하는 모습을 본 어느 노파가 매화 가지에 떡을 꽂아 건네준 것이 지금의 우메가에모찌의 유래가 되었다고 한다. 먹으면 병이 낫고 정신이 맑아진다는 우메가에모찌. 앞으로도 계속 나오겠지만, 다자이후는 무엇이든 스가와라 미치자네로 통한다. 우메가에모찌는 쫄깃한 찹쌀과 멥쌀 반죽 속에 달지 않은 팥소가 들어 있고 겉면에는 매화 모양 도장이 찍혀 있었다. 어떤 양념도 가하지 않은 순수하고 소박한 맛이어서 일본 옛 시대의 일본 간식을 먹는 느낌이 들었다. 한 개에 110엔이라 가격도 저렴하고 손에 묻거나 찐득거리지 않아서 걸으면서 먹기에도 제격이었다. 매월 25일은 스가와라 미치자네의 생일과 기일을 기념한 날로 쑥이 들어간 특별한 우메가에모치도 판매한다고 한다.

상점가를 구경하고 도리이를 통과하니 입구에 큼지막한 황소 고신규 御神牛상이 놓여 있었다. 고신규는 스가와라 미치자네가 죽은 후 그의 시신을 옮기던 소가 이곳에서 꼼짝하지 않고 멈추어서 그곳에 동상을 세웠다는 설, 스가와라 미치자네가 소띠여서 소를 동상으로 만들었다는 설이 있다. 고신규의 머리를 만지고 자기 머리를 만지면 머리가 좋아진다는 속설도 있어서 사람들이 황소 동상만 보면 전부 머리를 만지느라 소머리쪽 부분만 반질반질하게 빛이 났다.

고신규 상을 지나 계속 걸어가니, 이번에는 큰 연못과 연못 위에 놓인 예쁜 다리가 하나 나왔는데, 영화 〈너의 췌장을 먹고 싶어〉에서 두 주인공이 서 있었던 다이코바시太鼓橋였다. 신사 특유의 붉은색으로 칠해진 다리와 초록빛 자연이 어우러져 너무나 아름다운 풍경이었다. 다이코바시 위에 올라가 나도 영화 속 주인공이 된 것처럼 주변 경치를 둘러보았다. 어젯밤 비가 많이 왔다고 하던데 하늘이 유난히 맑았고 나뭇잎에 맺힌 이슬에 반사되는 햇빛으로 세상이 반짝거렸다.

다이코바시를 건너 드디어 다자이후텐만구의 본전 앞에 도착했다. 1591년에 건축된 일본의 국가 중요 문화재로 본전 뒤에는 거대한 고목들이 숲처럼 울창하게 드리워져 있었고, 앞에는 본전에 참배를 드리려는 사람들로 긴 줄이 이어져 있었다. 나도 여기까지 온 김에 올해 진학하는 대학원에서 공부를 잘할 수 있도록 빌어보기로 했다. 참배할 때 일본에서는 보통 '인연'을 뜻하는 고엔(5엔)을 넣는데 하라쨩이 말하기를 요즘에는 '충분히 좋은 인연'이라는 뜻으로 쥬분니이이고엔(125)엔을 넣는다고 한다. 무려 금액이 2배 이상 뛰었지만, 이럴 때 쓰는 돈은 아끼는 것이 아니다. 지갑에서 125엔을 꺼내 손에 꼭 쥐었다. 줄을 서서 기다리는 동안 본전 안에서 열심히 기도를 드리는 어머니들의 뒷모습이 보였다. 그 간절함이 나에게도 전해지는 듯했다.

일본 사람에게 종교가 있는지 물으면 70퍼센트는 무종교라고 답한다. 하지만 실제로 내가 본 일본 사람들의 삶에는 분명 종교가 있었다. 신년에도 명절에도 결혼식과 장례식 등 행복한 날에도 슬픈 날에도 일본 사람들은 신을 찾았다. 다만 하나의 신을 믿고 따르지 않을 뿐이다. 일본 작가 엔도 슈샤쿠의 소설 『침묵』에는 일본에 기독교를 전파하러 온 서양 선교사가 일본을 '늪지'에 비유하는 부분이 있다. 여린 묘목을 세우고 세워도 똑바로 세워지지 않고 뿌리가 썩어 사라지는 늪지. 극단적인 표현이긴 하지만 그만큼 일본 사람의 마음에 자신의 인생과 주체를 맡기는 종교가 들어오기 어렵다는 뜻일 것이다.

본전에서 헌금을 하고 기도를 마친 뒤 천천히 신사 안을 둘러보았다. 본전 앞에는 진분홍색 오미쿠지 종이가 나무 가지가지마다 매달려 있어서 얼핏 보면 꼭 매화꽃 잎 같았다. 매화는 다자이후 텐만구를 대표하는 상징이라고 하는데 이유는 미치자네가 특히 매화를 좋아하고 귀히 여겼기 때문이라고 한다. 벚꽃보다 먼저 봄을 알리는 매화가 후쿠오카에서 가장 먼저 피는 곳 또한 이곳 다자이후텐만구라고 한다. 봄에 온 경내가 향긋한 매화 향에 휩싸이는 상상을 하니 그때 못 온 것이 못내 아쉬워졌다.

봄바람 불면 꽃향기 전해다오 나의 매화여 주인이 없다 해도

봄을 잊지말기를

- 스가와라노 미치자네

마에다야 모츠나베

어쩌다 보니 후쿠오카에 온 뒤로 제대로 된 식사를 하지 못했다. 하카
타역으로 돌아온 뒤 호텔에 짐을 내려놓고 바로 저녁을 먹으러 갔다. 미
식의 도시 후쿠오카에는 3대 명물 요리가 있는데 하카타라멘博多ラ-メン,
멘타이코明太子, 모츠나베もつ鍋다. 후쿠오카에서 먹는 첫 식사로는 모츠
나베를 선택했다. 모츠나베는 일본식 소 대창과 양배추, 부추, 두부 같은
여러 야채를 넣고 끓여 먹는 곱창전골 요리다. '모츠나베 원조'라는 타이

틀을 가진 후쿠오카에는 정말 많은 모츠나베 가게가 있는데, 우리가 선택한 곳은 하카타 모츠나베 마에다야 하카타점이었다. 요즘 후쿠오카에서 가장 인기가 많은 모츠나베 체인점이라고 한다. 예약은 따로 하지 않았고 오픈 시간에 맞춰갔는데 다행히 바로 들어갈 수 있었다. 가장 무난한 된장 맛 베이스로 주문해 보았는데, 너무 짜지 않은 담백한 국물 맛이 일품이었고 곱창도 쫄깃하고 씹을수록 고소했다. 평소에 곱창을 잘 먹지 않는 하라쨩도 이곳 모츠나베는 이제껏 먹은 모츠나베와는 다르다며 연신 감탄하며 맛있게 먹었다.

지금은 일본 전국 어디에서나 사랑받는 음식이 된 모츠나베. 실은 일제 강점기 때 탄광촌으로 끌려갔던 조선인들이 일본인들이 먹지 않는 소, 돼지의 부산물에 채소를 넣어 전골로 끓여 먹었던 것에서 유래한 음식이라고 한다. 한국인의 애환이 깃든 음식이 지금은 일본에서 남녀노소 모두가 즐겨 먹는 음식이 되었다니, 맛있지만 마냥 즐거운 마음으로만 먹을 수는 없는 음식이다.

후쿠오카에서의 첫날은 인천에서 출발하여 하카타와 다자이후까지 바삐 돌아다녔던 하루였다. 재미있는 일도 많았지만, 계획대로 잘 풀리지 않은 일도 있었다. 하지만 내가 원하는 대로 되는 여행은 여행이 아니라는 말이 있다. 이제 겨우 하루가 지났을 뿐이다. 내일은 후쿠오카에서 어떤 새로운 경험을 하게 될지 기대하는 마음으로 잠이 들었다.

야마야 베이스 다자이후 YAMAYA BASE DAZAIFU

영업시간 09:30~17:30, 연중무휴

다자이후 텐만구 太宰府天満宮

운영시간 OPEN - 춘분부터 추분 때까지 06:00 그 외 06:30

CLOSE - 4월, 5월, 9~11월 : ~19:00, 6~8월 : ~19:30, 12~3월 : ~18:30

입장료 무료

하카타 모츠나베 마에다야 하카타점 博多もつ鍋前田屋 博多店

영업시간 11:00~14:30 (L.O 14:00), 17:00~00:00 (L.O 23:00)

비정기 휴무

후쿠오카에는 저마다의 여행이 있다

토리마부시

FUK COFFEE

이로하

나카스 강

평소와는 다른 공기 밀도와 창밖으로 들려오는 낯선 소리에 잠에서 깼다. 한국에서는 아침에 일어나기가 그렇게 힘들었는데, 여행을 오면 누가 깨우지 않아도 바로 눈이 떠지고 침대에서 벌떡 일어나게 된다. 대충 준비를 마치고 호텔을 나섰다. 아침 출근 시간을 지나서인지 거리는 한산했다. 더없이 평화로운 후쿠오카의 아침이었다. 호텔 앞 나카스 강을 보며 편의점이 있는 골목을 돌아 나오니 이치란 라멘 총본점 건물이 멀리서도 눈에 띄었다. 이치란 라멘도 얼른 본점에서 먹어봐야 하는데….

하고 싶은 것도 먹고 싶은 것도 너무 많다. 만약 후쿠오카에 짧은 여행을 왔다면 무엇을 먹고 무엇을 포기할지 고민하느라 아까운 시간을 다 버렸을지 모른다. 하지만 나에게는 무려 한 달의 시간이 더 남아 있다. 한 달이라는 시간이 있는 것만으로도 마음의 여유가 생기고 무언가를 못해도 나중을 위해 아껴놓는다는 편한 느낌이 들었다.

토리마부시

아침 겸 점심으로 토리마부시とりまぶし를 먹으러 갔다. 토리마부시는 후쿠오카에서 새롭게 떠오르는 명물 요리로 나고야의 장어덮밥인 히츠마부시에서 힌트를 얻어 만든 닭고기덮밥이다. 토리마부시는 먹는 방법이 네 가지인데 먼저 숯불에 고소하게 구운 닭과 간장 양념이 섞인 밥을 함께 먹는다. 그다음 산초, 유즈코쇼(유자 껍질과 고추를 사용하여 만든 규슈 지방의 저장 음식이자 조미료), 시치미, 와사비 등 테이블에 놓인 여러 양념들을 취향껏 뿌려 다양한 맛으로 즐기고, 반찬으로 나온 온천 달걀과 달달한 양념을 섞어 맛본다. 마지막으로 진한 다시를 부어 오차

즈케처럼 국물과 같이 먹으면 한 끼 코스가 끝이 난다. 음식 하나를 다양하게 네 가지 방법으로 먹으니 먹는 내내 전혀 질리지 않으면서 어떤 방법으로 먹어도 전부 맛있었다. 오직 후쿠오카에서만 먹을 수 있는, 후쿠오카의 신 명물 토리마부시. 후쿠오카에서 꼭 한 번 먹어보길 추천한다.

토리마부시 가게에서 나와 기온 역까지 천천히 걸어갔다. 후쿠오카는 하카타, 텐진, 나카스 등 중심지가 한곳에 모여 있어서 대부분의 관광 명소를 도보로 다닐 수 있다. 물론 버스나 지하철을 타면 더 빠르고 편하긴 하지만, 천천히 걸으면서 후쿠오카의 로컬 동네를 구경하는 시간도 여행의 빼놓을 수 없는 재미였다. 특히 후쿠오카는 거리에 사람이 많지 않고 건물들도 무채색에 낮은 건물이 많아서 걷다 보면 마음이 차분해지는 느낌이 들었다. 날씨도 별로 춥지 않았기에 오랜만에 기분 좋은 겨울 산책을 즐기며 마을 이곳저곳을 구경했다.

FUK COFFEE

FUK COFFEE는 공항, 비행기라는 단어를 생각할 때 연상되는 '여행의 설렘'을 콘셉트로 하는 카페다. 'FUK'이라는 단어가 얼핏 보면 욕인가 싶기도 하지만, 엄연히 후쿠오카의 공항 코드다. 카페 외관과 카페 내에서 판매하는 모든 상품에는 항공사 수화물 택 모양이 들어가 있고 카페 라테 위에는 귀여운 비행기 라테 아트를 그려준다. 하라쨩 말로는 일본 항공 관련 업계 사람들 사이에서 후쿠오카의 FUK COFFEE 방문은 필수 코스라고 한다. 카페 안은 비행기 내부라기보다는 우주선이 연상되는 깔끔하고 세련된 공간으로 꾸며져 있었다. 오랜만에 만난 친구와 비행기 그림이 올라간 귀여운 커피를 마시며 시간 가는 줄 모르고 이야기를 나누었다.

다음으로는 하카타역으로 향했다. 하라쨩의 오미야게를 사기 위해서였다. 오미야게お土産란 기념품을 뜻하는데, 일본에서는 여행의 추억을 간직하기 위한 기념품만이 아니라 가족, 친구, 동료를 위해 사가는 여행지의 특산품 선물을 뜻하기도 한다. 하라쨩은 디저트류를 좋아해서 언제나 여행을 가면 모든 일정을 오미야게를 사는 위주로 짠다고 한다. 여행이 끝나고 오미야게를 지인에게 나누어줄 때, 집에 돌아가서 여행지에서의 추억을 회상하며 오미야게를 먹을 때의 행복이 정말 크다고 했다. 하라쨩과 함께 오미야게 쇼핑을 하며 그동안 잘 몰랐던 후쿠오카의 명물 오미야게에 대해 많이 알 수 있었다. (하라쨩 PICK 후쿠오카 오미야게 리스트는 뒤쪽에!)

이로하

두 번째 날 저녁 메뉴는 후쿠오카에 오기 전부터 이미 정해져 있었다. 후쿠오카의 향토 요리 중 하나인 미즈타키水たき다. 닭 뼈를 장시간 우려낸 육수에 닭고기와 각종 야채를 넣어 먹는 음식으로, 후쿠오카 사람들

이 가정에서는 물론 여름이나 겨울철에 보양식으로도 많이 먹는다고 한다. 후쿠오카 사람들이 워낙 좋아하는 음식이라 인기 가게는 거의 매일 만석이라고 하여 미리 한국에서 예약해 놓았다.

미즈타키 전문점 이로하いろは는 1953년부터 4대째 가업을 이어온 전통 미즈타키 명가로 일본의 요리 만화 〈라면 요리왕〉에는 '하카타에 출장 온 사람 중 이로하에서 미즈타키를 먹지 않고 돌아가는 사람이 없다'라는 대사가 등장하기도 한다. 이로하는 나카스 메인 거리 뒷골목에 있었는데, 평일 초저녁부터 가게 안에 사람들이 정말 많았다. 직원의 안내를 받아 긴 복도를 지나 들어간 안쪽 방에는 온 벽면이 유명인의 사인으로 도배되어 있었다. 이렇게 엄청난 양의 사인으로 온 벽면이 도배가 된 가게는 처음이었다. 범상치 않은 가게의 풍경이 벌써 미즈타키의 맛을 기대하게 했다.

　미즈타키는 일반적으로 코스로 제공되는데 각종 버섯과 야채, 그리고 두부가 가득 담긴 그릇과 육수와 닭이 들어간 큰 냄비가 나온다. 직원분이 직접 채소와 니쿠단자(고기 단고)를 조금씩 넣어주고 냄비의 국물이 팔팔 끓어오르면 컵에 육수를 담아서 맛을 보게 해준다. 이제 막 끓인 미즈타키의 육수 맛은 한국의 닭곰탕과 비슷하면서 맑고 담백했다. 다음으로 육수에 넣어 푹 익힌 야채를 건져 먹은 뒤 육수가 팔팔 끓으면 잘 익혀진 닭고기를 폰즈에 찍어 먹는다. 닭고기는 담백하면서 잡냄새 없이 부드러웠고 후쿠오카산 간장과 영귤로 만든 이로하만의 특제 폰즈가 닭고기의 맛을 한층 더 끌어올려 주었다. 마무리는 우리나라와 비슷하게 미즈타키 국물에 밥과 참기름, 야채 등을 넣어 죽으로 만들어 먹는다. 미즈타키는 기대했던 대로, 아니 그 이상으로 후쿠오카 사람뿐 아니라 한국 사람도 누구나 좋아할 만한 맛이었다. 후쿠오카에 온다면 꼭 이로하에 가라는 그 말, 맞았다.

나카스 강

이로하를 나오니 어느새 나카스에 짙은 밤이 드리워져 있었다. 후쿠오카 시내를 흐르는 나카스 강을 따라 걸으며 후쿠오카의 밤을 만끽했다. 나카스 강을 따라 늘어선 건물들의 불빛이 강물을 형형색색으로 물들였고 버스킹(거리공연)을 하는 사람들의 노랫소리도 어딘가에서 들려왔다. 밤이 깊을수록 운치를 더해가는 나카스의 분위기에 취해 갔다. 나카스는 후쿠오카의 대표 번화가이자 유흥가로 불린다. 하지만 유흥가라고 하기에는 도쿄 가부키초처럼 호객하는 호스트도 없고 술에 취해 비틀거리는 사람도 없었다. 너무나 조용하고 평온할 뿐이었다. 지금은 내가 걸었던 그 거리가 유흥가 쪽이 아닌 상업 거리였다는 것을 알지만, 이때는 내 상상과 너무나 달랐던 평범한 나카스의 모습에 조금 실망했었다.

나카스하면 떠오르는 것 중 하나가 나카스 포장마차 거리다. 나카스 강을 따라 길게 늘어선 야타이(포장마차)에서 후쿠오카의 저녁 분위기를 만끽하는 것이 나카스 여행의 오랜 전통이었다. 우리도 여기까지 온 김에 야끼토리 하나 시켜놓고 가벼운 술 한잔할까 싶었지만, 어느 야타이나 사람이 너무 많았고 자리가 협소한 편이라 모르는 사람들과 밀착해 앉는다는 것이 부담스러웠다. 우리 같은 내향적 성격은 야타이에 들어가는 것도 큰 도전이다. 다음에 다른 친구와 한 번 도전해 보는 걸로 하고 대신 나카스 강이 내려다보이는 전망 좋은 다리 위에서 기념사진을 실컷 찍었다. 그리고 하라쨩은 호텔로 돌아가기 전 편의점에 들르더니 규슈 지역 한정 과자들을 사느라 여념이 없었다. 나도 들어가서 보았는데 정말로 편의점 한쪽에 규슈 지역 한정 과자들을 모아 놓은 판매대가 따

로 있었다. 공항이나 쇼핑몰에서 파는 비싼 오미야게가 부담스럽다면 가볍게 편의점에서 규슈 한정 과자를 사는 것도 좋은 방법이 될 것 같다.

호텔로 들어와 침대에 누워 오늘 하루를 간단히 글로 남겼다. 그럴듯하지 않아도 대단하지 않아도 괜찮다. 남들과 똑같을 필요도 없다. 우리만의 가치를 찾아가는 여정이 우리에게는 가장 행복한 여행이니까.

토리마부시 나카스 본점 とりまぶし 中洲本店

영업시간 매일 10:30~22:00 (L.O 21:00)

정기 휴무 연말연시(12/31~1/3)

FUK COFFEE

영업시간 매일 08:00~20:00 연중무휴

이로하 본점 いろは 本店

영업시간 화~토 18:00~23:00 (L.O 22:00) 일요일 18:00~22:00 (L.O 21:00)

정기 휴무 월요일

하라짱 PICK
후쿠오카 오미야게!

하카타 토리몬 博多通りもん

후쿠오카 방문 기념 선물 1순위로 꼽히는 80년 전통의 하카타 대표 서양과자. 세계적인 식품 콩쿨 몽드 셀렉션에서 21년 연속으로 금상을 수상하면서 세계적으로 맛을 인정받았다. 우유를 넣어 만든 부드러운 반죽 안에 연유와 버터가 들어간 하얀 앙금이 가득 차 있다. (12개입, 1,000엔 내외)

병아리 만쥬 히요코 名菓ひよ子

병아리 모양의 만쥬. 1912년에 탄생해 100년의 역사를 자랑하는 후쿠오카 대표 간식. 부드러운 빵에 고소한 앙금이 듬뿍 들어간 만쥬로 차와 함께 먹기 좋다. 귀여운 모양 때문에 더 인기가 많다. (11개입, 1,200엔 내외)

후쿠타로의 멘베이 めんべい

멘타이코(명란)와 센베이를 합친 멘베이. 명란 메이커로 유명한 후쿠타로가 자랑하는 명란젓을 듬뿍 사용한 매콤한 전병이다. 오징어와 문어 등 해산물로 반죽해 바삭하고 가벼운 식감이면서도 깊은 맛이 난다. 간식이나 술안주로도 제격이고 마요네즈 맛, 플레인, 매운맛 등 종류도 여러 가지다. (32개입, 1,000엔 내외)

미카츠키야의 크루아상 三日月屋

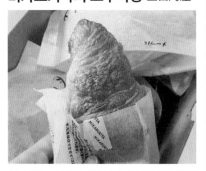

업계 최고 수준의 제빵사가 수작업으로 반죽부터 만드는 최고의 크루아상. 최고급 밀가루와 무염버터, 천연 소금만을 사용하고 달걀과 우유는 전혀 쓰지 않는다. 크루아상 하나하나에 고집과 정성이 오롯이 들어가는 것으로 유명하다. 갓 만든 상온 크루아상은 후쿠오카에서만 맛볼 수 있다. (크루아상 한 개, 약 260엔 정도)

토운도의 니와카 센베 二○加煎餅

바삭바삭한 식감으로 자꾸 손이 가는 하카타의 스테디셀러 센베. 향토 예능 하카타 니와카는 사람들을 웃기는 전통 즉흥 예술로 연회나 길거리에서 사람들을 웃길 때 니와카 가면을 착용했다고 한다. 이에 착안하여 1906년 발매된 니와카 센베는 토운도 초대 사장이 당시 하카타역장으로부터 '하카타다움이 느껴지는 여행용 선물은 없겠느냐?'는 이야기를 듣고 고안해 낸 것으로 후쿠오카현산 밀가루와 달걀을 듬뿍 사용하여 노릇노릇하게 구워낸 소박한 맛이 특징. (작은사이즈 3개 × 4박스, 648엔)

스즈카케의 스즈노모나카 鈴乃最中

1923년 창업한 이래로 엄선된 소재에 재료 본연의 풍미와 색감을 살리고 진취적인 시도를 더하여 '세련되고 맛있는 화과자 가게'로 전국적 명성을 얻었다. 대표 메뉴는 니가타산 찹쌀과 스즈카케 전통 앙금을 넣어 만든 방울(스즈) 모양의 스즈노모나카로 모나카의 색다른 깊은 맛을 느낄 수 있다. (스즈노모나카 8개입, 1,664엔)

하카타 주민이 되었습니다!

원조 하카타 멘타이쥬

나인아워즈 하카타 스테이션

세 번째 날이 밝았다. 아니 밝지 않았다. 내가 온 뒤로 후쿠오카는 계속 흐리기만 하고 환한 날씨를 좀처럼 보여주지 않는다. 후쿠오카의 겨울은 원래 이런 것일까? TV를 틀어보니 심지어 다음 주에는 눈까지 내린다고 한다. 후쿠오카는 눈이 별로 오지 않는다고 들었는데, 혹시 후쿠오카에서 눈을 볼 수 있다면 행운일 것 같다.

원조 하타카 멘타이쥬

후쿠오카에 오면 아침 식사는 가볍게 명란으로 시작해 줘야 한다. 원조 하카타 멘타이쥬元祖博多めんたい重로 향했다. 원조 하카타 멘타이쥬는 일본은 물론 한국에서 후쿠오카를 소개할 때면 어김없이 등장하는 일본 최초의 멘타이코 요리 전문점이다. 워낙 유명해서 오전 10시 반에 도착했는데도 가게 앞의 긴 행렬을 마주해야 했다. 대체 우리 앞에 서 있는 사람들은 몇 시부터 와 있었던 것일까? 굶주린 배를 부여잡고 점심시간 내내 밖에서 기다리기 싫다면 피크 타임은 피하는 것이 좋다.

원조 하카타 멘타이쥬의 1층은 계산대 겸 멘타이코 판매장이었고, 2층은 멘타이코 요리를 판매하는 식당으로 운영되고 있었다. 2층으로 안내를 받아 올라가니 고급 일식집에 온 듯한 분위기에 클래식 음악이 흐르고 있었고 원래도 조용한 일본 사람들이 마치 서양 코스 요리를 음미하듯 차분히 멘타이쥬를 먹고 있었다. 아니, 멘타이코는 밥반찬 아니던가?! 조금 당황스러운 마음을 감추며 멘타이쥬 + 멘타이코 니코미 츠케멘 세트를 주문했다. 멘타이쥬는 고급스러운 도자기 재질의 작은 함에 담겨 나오는데 연분홍빛 명란 하나가 통째로 밥 위에 올라가 있었다.

일본 사람들은 이 명란을 보고 '제이타쿠贅沢 사치스럽다'라는 표현을 쓰기도 하던데 왜 그런 표현이 나왔는지 알 수 있었다. 다시마를 말아 오랜 시간 숙성한 명란 위에 특제양념을 뿌리고 조미된 김 가루, 밥과 함께 먹는다. 물론 맛있었지만, 너무 기대를 많이 한 것일까. 일본의 짭조름한 명란을 밥 위에 올려 먹는 맛 그 이상은 아니었다. 대신에 같이 주문했던 최초의 명란 츠케멘, 멘타이코 니코미 츠케멘이 명란의 짠맛이 자연스럽게 우러나 국물만으로도 맛있었고, 씹는 맛이 즐겁게 느껴질 정도로 차가우면서 탱글탱글한 면이 츠케멘의 장점을 살려주는 별미였다.

한참 식사를 하는데 하라쟝이 물었다.

"한국에도 멘타이코(명란젓)가 있어?"

"물론 있지! 멘타이코는 원래 한국 음식이야. 부산에 살던 일본 사람이 후쿠오카에 귀국한 뒤에 명란젓 맛을 잊지 못해서 일본인 입맛에 맞게

개량해서 팔기 시작했고, 일본 전역으로 퍼진 거라고 들었어."

"아, 진짜? 몰랐어!"

멘타이코, 명란젓을 일본 사람들은 일본 음식인 줄 안다고 하던데 정말 그랬다. 사실 굳이 설명하지 않아도 되는 문제이기도 하지만, 괜히 꼭 짚고 넘어가고 싶은 건 내가 한국인이어서일까. 하지만 한국 사람이 명란젓을 만들지 않았다면 지금 이렇게 일본 사람들이 사랑해 마지않는 멘타이코도 존재하지 않았을 테니까. 한국과 일본은 오랜 교역의 역사로 다양한 문화가 혼재되어 있다. 한국과 지리적으로 매우 가까운 후쿠오카라면 더욱 그럴 것이다. 후쿠오카에 머무는 동안 이런 재미있는 문화를 더 많이 발견해 가고 싶다.

나인아워즈 하카타 스테이션

하라쨩과 하카타역에서 작별 인사를 나누고 오늘부터 약 한 달간 지낼 나인아워즈 하카타 스테이션으로 향했다. 한 달 살기를 준비할 때 가장 고심하고 신경 쓰였던 부분이 숙소였다. 장기간 머물 수 있는 숙소 종류로는 먼슬리맨션, 유스호스텔, 게스트하우스, 캡슐호텔 등이 있는데 이 중 먼슬리맨션은 맨션 하나를 빌려서 한 달 치 월세를 내고 현지인처럼 살 수 있다는 장점이 있지만, 비용이 많이 들고 청소나 빨래, 맨션 관리 및 계약과 해지 등 신경 써야 할 부분이 많다. 반면 호스텔이나 게스트하우스는 값은 싸고 저렴하지만, 청결도가 천차만별이고 다른 사람과 방이나 화장실을 공유해야 하는 불편함이 있다. 나는 여행할 때 숙소에는 크게 돈을 들이지 않는 타입이지만, 한 달을 지낼 곳인데 아무 데나 갈 수는 없었다.

열심히 인터넷을 검색하며 정보를 모으다가 실제로 해외에서 한 달 살기를 실천하고 있는 디지털 노마드를 취재한 기사를 보게 되었는데, 그때 알게 된 호텔이 나인아워즈 하카타 스테이션이었다.

나인아워즈 하카타 스테이션ナインアワーズ博多駅은 일본의 고급형 캡슐 호텔 체인으로 평균 1박 2만 5천 원이라는 저렴한 가격에 호텔급 시설, 개인 라커룸, 투숙객 전용 라운지를 이용할 수 있다. 단점이 있다면 매일 10시부터 2시까지 청소 및 소독 때문에 침실과 라커룸을 이용할 수 없고 객실이 캡슐형이라 잘 때 소음이 있을 수 있다는 점이다. 하지만 나에게는 가성비 있는 깨끗한 숙소가 1순위였기에 큰 문제는 아니었다. 나인아워즈 하카타는 하카타역에서 도보 5분 정도 거리에 있어서 이동하기에도 좋았고, 주변에 음식점이나 카페, 드러그스토어, 편의점 등 없는 것이 없었다.

9층의 무인 기계에서 체크인을 한 뒤 라운지를 살펴보았는데 일반 카페에서보다 훨씬 조용한 환경에서 집중하며 일할 수 있는 환경이 갖추어져 있어서 만족스러웠고 침실이나 샤워실, 화장실 등의 시설도 호텔처럼 깨끗해서 안심했다. 개인 라커룸에 짐을 하나둘 정리하니 정말 후쿠오카 한 달 살기가 시작되었다는 실감이 났다. 오늘부터 나도 하카타 주민이다!

원조 하카타 멘타이쥬 元祖博多めんたい重

영업시간 매일 07:00~22:30 연중무휴

나인아워즈 하카타 스테이션 ナインアワーズ 博多駅

주소 후쿠오카현 후쿠오카시 하카타구 하카타역 3-22-2

체크인 14:00 체크아웃 10:00

하카타에서 보내는 소소한 일상

하카타 잇소

렉 커피

츠바메노모리 히로바

나인아워즈에서의 첫 아침이 밝았다. 자면서 약간의 소음은 있었지만 못 잘 정도는 아니었다. 오늘도 어김없이 아침 6시에 눈이 떠졌다. 이제는 완벽한 아침형 인간이 된 것 같다. 짐을 간단히 챙겨 라운지로 올라갔다. 한 달 살기를 할 때 한 달 내내 여행만 하는 사람도 있겠지만, 나처럼 여행과 일을 병행해야 하는 사람도 많을 것이다. 나는 번역과 글 쓰는 일을 하는 프리랜서다. 일이 들어오는 시기나 양은 불규칙하지만, 시간과 장소에 구애받지 않고 자유롭게 일을 할 수 있기에 이번 후쿠오카 한 달 살기도 가능했다. 후쿠오카에 온 만큼 여행의 비중이 가장 크긴 하겠지만, 일도 틈틈이 하면서 일과 여행의 균형을 잘 맞춰나갈 생각이다.

라운지에 올라가니 나보다 더 일찍 와 있는 사람들이 있었다. 다들 뚫어져라 노트북을 쳐다보며 자료를 작성하거나 영상으로 간단한 회의를 하기도 했다. 일본 IT 회사 사무실에 와 있는 것 같은 착각이 들었다. 이것이 내가 꿈꾸던 디지털 노마드 일상이 아니던가?! 라운지의 사람들이 내 직장 동료라 생각하며 나도 일에 집중했다. 시간이 얼마나 지났을까. 허기를 느껴 시간을 확인하니 딱 점심시간이었다. 무언가를 좀 먹어야 할 것 같다. 열심히 일 한 뒤 먹는 점심으로는 단연 라멘이다.

하카타 잇소

짭짤하고 걸쭉한 국물로 주린 배를 든든하게 채워주는 라멘은 일본 사람들이 가장 좋아하고 즐겨 먹는 소울푸드다. 일본에서 직장을 다닐 때 동료들과 점심으로 라멘을 자주 먹으러 갔었는데, 그때의 기억 때문인지 나에게도 라멘은 직장인 시절을 떠올리게 하는 특별한 음식이다.

그때도 국물 맛이 진한 돈코츠 라멘을 가장 좋아했는데, 돈코츠 라멘의 발상지가 바로 이곳 후쿠오카다. 그래서 후쿠오카 한 달 살기가 결정되었을 때부터 '후쿠오카에서 질리도록 돈코츠 라멘을 먹고 오겠다'는 열정으로 가득 차 있었다. 특히 내가 머무는 하카타에는 '하카타 라멘'이라는 종류가 있을 정도로 돈코츠 라멘으로 유명한 라멘집이 많은데, 그중 가장 먼저 가고 싶었던 곳은 하카타 잇소博多一双 본점이었다. 몇 년 동안 하카타 라멘 랭킹에서 1위를 벗어난 적이 없다는 하카타 잇소의 라멘은 거품 가득한 돈코츠 국물이 '돼푸치노'라고 불릴 정도로 진하기로 유명하다.

하카타 잇소는 하카타역에서 도보 10분 정도 거리에 있었다. 가게 문을 열고 들어가자마자 꼬릿한 냄새가 코를 찔렀는데 정말 오랜만에 맡는 돈코츠 라멘 냄새였다. 이 냄새 때문에 일본 사람들 사이에서도 돈코

츠 라멘은 호불호가 갈린
다. 주문하고 카운터 자
리에 앉아 라멘이 나오기
를 기다리는데 하얀 두건
을 두르고 뜨거운 주방에
서 열심히 라멘을 만드는
두 사람이 눈에 들어왔
다. 하카타 잇소를 만든 형제였다. 가게에 오기 전 인터넷으로 형제의 기
사를 읽은 적이 있어서 알 수 있었다.

형제는 학창 시절 우연히 TV에서 본 라멘 특집 프로를 보고 라멘을 만
들어서 파는 꿈을 키우기 시작했다. 후쿠오카의 유명 라멘 체인 가게에
서 형이 7년 반, 동생이 5년 동안 기술을 익히며 돈을 모았고 둘이 돈을
모아 하카타에 라멘 가게를 내게 된다. 형제의 노력과 열정이 들어간 라
멘은 순식간에 입소문을 탔고 현재는 하카타에 본점, 다른 지역에 두 개
의 분점을 낸 어엿한 하카타의 명물 라멘집으로 자리매김했다. 스토리
라는 조미료가 들어간 음식만큼 맛있는 음식은 없을 것이다. 하카타 잇
소의 라멘이 더욱 궁금해졌다.

하카타 잇소의 라멘은 작은 거품이 일어난 진한 하얀 국물에 꼬들꼬들
하면서 얇은 면이 인상적이었다. 처음 국물 맛을 봤을 땐 평범한 돈코츠
국물 맛이라 생각했는데, 면과 함께 먹으니 면에 국물이 감기며 감칠맛
이 돌았다. 면과 국물의 조합이 인상적이었다. 특히 후쿠오카 라멘 집 어
디서나 볼 수 있는 반찬, 카라시 타카나(매운 갓무침)가 매콤하고 맛있어

서 옆 사람이 쳐다볼 정도로 라멘에 왕창 넣어 먹었다. 면이 얇아서인지 양이 좀 적게 느껴지기도 했는데 그럴 땐 면만 추가하는 가에다마替玉를 주문하면 된다. 하카타 잇소 라멘은 맛도 맛이지만, 맛보다 라멘에 진심인 후쿠오카 사람들의 열정이 국물보다 더 진하게 느껴지는 감동적인 음식이었다.

렉 커피

맛있는 하카타 라멘을 먹고 이번에는 카페에서 일을 하고 싶어 렉 커피Rec coffee로 향했다. 렉 커피는 일본판 블루보틀이라고 불리는 스페셜티 커피 전문점으로 2015년 일본 바리스타 챔피언십 우승, 2016년 월드 바리스타 챔피언십 준우승에 빛나는 이와세 요시카즈 씨가 운영하는 카페다. 렉 커피 지점 세 개 매장이 모두 후쿠오카에 있기 때문에, 후쿠오카에 왔다면 꼭 한 번 가봐야 하는 카페로 꼽힌다.

키테 하카타 6층에 있는 하카타 마루이 점으로 갔는데 약간의 산미가 느껴지는 깔끔한 드립 커피와 통유리창으로 보이는 하카타의 활기차면서도 평화로운 풍경, 파아란 하늘에 저절로 마음이 행복해졌다. 카페에

서 오롯이 나만의 시간을 가지며 번역 일을 하다가 글을 쓰기도 하고 사진을 정리했다가 책도 읽었다. 사실 여행 에세이나 여행책을 볼 때 가장 부

러웠던 것이 이런 시간이었다. 맛있는 음식을 먹고 좋은 곳에 가는 것도 좋지만, 여행지에서 이런 여유로움을 누리기란 결코 쉽지 않다. 하지만 한 달 살기에서는 이런 시간이 너무나 당연히 주어진다. 가고 싶은 곳은 내일 가도 되고 먹고 싶은 음식은 다음 주에 먹어도 된다. 괜한 조바심을 낼 필요가 없다. 소소하지만 소중한 이 시간을 나만의 방식으로 채워나 갔다.

츠바메노모리 히로바

렉 커피에서 본 하카타 전망이 너무 좋아서 내친김에 후쿠오카 시내 전망을 보러 갔다. 하카타역 안에 있는 아뮤플라자 쇼핑몰 꼭대기 층으로 가서 한 층을 더 에스컬레이터를 타고 올라가면 옥상정원, 츠바메노모리 히로바つばめの杜ひろば가 나온다. 츠바메노모리 히로바는 '제비의 숲'이라는 뜻인데 도심 속 사계를 주제로 한 친환경적인 공간으로 계절마다 다채로운 꽃의 향연뿐 아니라 후쿠오카 시내 전망도 무료로 볼 수 있다. 겨울이라 활짝 핀 꽃은 별로 볼 수 없었지만, 건물 내에 위치한 작은 공원이 주는 여유로움과 자연은 특유의 안정감을 주었다.

옥상에서 내려다본 후쿠오카는 자로 잰 듯 열을 맞춘 빌딩들이 개발된 계획도시 같으면서도 시원하게 쭉 뻗은 도로 끝에는 하카타만의 푸르른 바다와 산이 보였다. 이렇게 도심 가까이에 바다와 산이 있다니! 저 바다 건너로 한국도 보일 것만 같았다. 이 아름다운 도시에서 나는 앞으로 어떤 풍경을 더 보게 될까. 가슴이 두근거렸다.

하카타 잇소 하카타역동본점 博多一双 博多駅東本店

영업시간 매일 11:00~24:00 비정기 휴무

렉 커피 하카타 마루이 점 Rec Coffee 博多マルイ店

영업시간 10:00~21:00 연중무휴

츠바메노모리 히로바 つばめの杜ひろば

운영시간 10:00~23:00 연중무휴

입장료 무료

텐진 빅뱅

텐진호르몬
커넥트 커피
스이쿄텐만구

후쿠오카는 나카가와那珂川 강을 기준으로 예로부터 상인들이 모여 살았던 동부 하카타와 사무라이들이 살았던 서부 텐진으로 나누어진다. 이 기준은 현재까지도 이어져 하카타는 하카타역을 중심으로 수많은 비즈니스맨들이 오가는 상업의 중심지로 번성하였고, 텐진은 백화점, 쇼핑몰, 시청, 대형 병원 등 후쿠오카의 중요시설이 밀집된 후쿠오카의 중심지 역할을 하고 있다. 오늘은 규슈 최대 번화가이자 후쿠오카의 중심지 텐진天神으로 주말 나들이를 떠났다.

텐진은 천여 개가 넘는 상점이 밀집된 지하상가부터 고급 백화점과 대형 쇼핑몰, 고층 건물들이 모여있는 번화가 중의 번화가였다. 하카타와는 또 다른 느낌의 도심이었다. 특히 눈에 띄었던 것이 텐진 사거리에서 진행 중인 대규모의 공사였는데, 공사 가림막에는 '텐진 빅뱅'이라고 쓰여 있었다. 텐진 빅뱅이란 2024년까지 텐진 중심 지역의 30여 개의 오래된 민간 건물 재건축을 유도하고 약 6만 개의 새로운 일자리를 창출하는 것을 목표로 하는 후쿠오카의 도심 재개발 프로젝트라고 한다. 더욱 재미있는 사실은 그동안 후쿠오카는 공항이 가까워서 높은 건물을 짓는 데 제한이 많았는데, 코로나로 비행기가 많이 뜨지 않게 되자 후쿠오카

시는 이때를 기회 삼아 고층 건물을 올리는 데 더욱 심혈을 기울였다고 한다. 지금과는 또 다른 모습이 되어있을 내년, 내후년의 텐진이 벌써 기대되었다.

텐진호르몬

텐진까지 왔으니 텐진호르몬을 안 먹어볼 수 없다. 호르몬은 일본어로 '곱창'을 뜻하는데, 텐진호르몬은 곱창과 고기, 야채 등을 철판에 직접 구워주는 철판 요리 전문점이다. 한국 관광객 사이에서는 후쿠오카에 가면 꼭 먹어야 하는 1순위 음식으로 통한다. 개인적으로 텐진호르몬이라는 이름에 왜 '텐진'이 붙었는지, 그리고 왜 유독 일본 사람보다 한국 사람에게 인기가 많은지 궁금해서 여러 자료를 찾아보았는데 명확히 알 수 없었다. 하지만 미스터리는 풀지 않을 때 더 매력적이니 그냥 이대로 계속 궁금해하려 한다.

텐진호르몬 총본점은 텐진역 내에 위치한 쇼핑센터 솔라리아 스테이지 지하 2층에 있었다. 이번에도 부지런히 움직여 오픈런으로 바로 들어갈 수 있었는데, 눈 깜짝할 사이 만석이 된 가게 안에는 한국 사람이 반 이상이었고 심지어 케이팝(K-POP)이 흘러나왔다. 지금 내가 있는 이곳이 한국인지 일본인지 혼란스러웠다. 호르몬 정식을 주문하고 기다리는 사이, 홀에서는 진풍경이 펼쳐졌다. 하얀 긴 위생 모자와 앞치마를 두른 셰프가 기다란 철판 앞에서 끊임없이 곱창과 야채를 굽고 있었다. 셰프의 손놀림에 따라 공중으로 날아올라 춤을 추듯 움직이는 식재료와 하얗게 피어오르는 연기, 철판의 지글거리는 소리, 코를 자극하는 맛있는 냄새가 시각, 청각, 후각

을 전부 자극하여 이제 곧 시작될 맛의 향연을 기대하게 했다.

철판에 맛있게 볶아져 나온 호르몬 정식의 곱창은 쫄깃함과 고소함은 물론 불맛이 더해져 계속 손이 가는 것을 멈출 수 없었고 곱창의 육즙을 가득 흡수한 야채와 함께 곁들여 먹으니 더욱 맛있었다. 식탁 위에 놓인 스테이크소스와 미소소스(된장소스)도 정말 맛있어서 먹는 내내 소스를 사 갈지 말지 계속 고민했는데, 한국에 돌아갈 때까지 보관할 자신이 없어서 포기했다. 곱창 양이 많아서 밥을 한 번 리필했는데 곱창과 야채, 밥까지 싹싹 비우니 배가 아주 든든해졌다. 천 엔 남짓한 돈으로 이렇게 맛있는 곱창 철판 요리를 먹을 수 있다니! 나도 이제 텐진하면 텐진호르몬이 생각날 것 같다.

커넥트 커피

커넥트 커피는 세계적으로 인정받은 라트 아떼 바리스타가 직접 운영하는 카페로 맛있는 커피는 물론 예술적인 라테 아트를 눈앞에서 볼 수 있기로 입소문이 자자한 곳이다. 1시쯤 도착하니 세 팀 정도가 기다리고 있었는데 이번에도 전부 한국 사람이었다. 후쿠오카에는 정말 한국 사람이 많다. '한국 사람이 많은 여행지는 싫다'라는 말에 나도 어느 정도 동감하지만, 후쿠오카는 조금 다르다. 사람이 북적거리는 도시도 아닐뿐더러 일본과 한국 사람이 위화감 없이 적절히 그리고 자연스럽게 섞여 있는 느낌이라 일본 다른 도시에서는 느껴본 적 없는 친근감마저 든다.

카페 앞에서 10여분 정도 기다린 뒤 안으로 들어갈 수 있었다. 커넥트 커피는 내부가 차분하다 못해 어두워서 와인바에 온 듯한 느낌 마저 들었다. 혼자 오기도 했고 조용히 일을 하면서 시간을 보내고 싶어서 벽 쪽 자리에 앉았는데, 역시 조명이 너무 어두운 것 같아서 앞에 놓인 스탠드 조명의 ON 버튼을 눌렀다. 그런데 누르자마자 터지는 듯한 굉음이 나며 카페 안에 흐르던 BGM 음악이 꺼져버렸다. 그냥 아무것도 하지 말고 가만히 있자고 생각했다. 대표 메뉴인 따뜻한 카페 라테와 딸기 초콜릿케이크를 주문했다.

카페 안은 연인, 친구, 가족 단위로 온 사람들로 가득했다. 그들의 모습을 뒤로 하고 노트북을 향해 앉은 내 모습이 자칫 외로워질 수도 있었지만, 이상하게도 나는 이 시간을 매우 즐기고 있었다. 사람들은 내게 어떻게 그렇게 혼자 모르는 식당에 가고 카페에 갈 수 있느냐고 묻는다. 하지만 나는 그럴 때마다 왜 꼭 누군가와 같이 가야 하는 것이냐고 되묻고 싶다. 혼자 식당에 가서 내가 좋아하는 음식을 내가 원하는 속도에 맞춰 먹고, 카페에서 혼자 이런저런 생각을 정리하다가 글을 쓰고 책을 읽는 이 기쁨은 나에게 이루 말할 수 없이 크다. 어쩌면 다른 사람의 기분이나 생각에 맞추려고 노력하는 성격이라 더 그런 것일지도 모르겠다. 나처럼 혼자 있는 시간을 좋아하는 내향형(MBTI에서 I형) 사람들에게 인생에 한 번쯤은 한 달 살기 여행을 해보기를 추천하고 싶다.

밖에서 기다렸던 시간보다 더 오래 기다리고서야 딸기 쇼콜라 케이크가 나왔다.

케이크는 딸기의 산미와 달콤한 초콜릿이 절묘하게 어우러진 맛이었는데, 도쿄 긴자에서 몇 배 더 많은 돈을 주고 먹었던 딸기 쇼콜라 케이크보다 맛있었다. 그리고 뒤이어 나온 카페 라테에는 먹기 아까울 정도로 예쁜 백조 모양 라테 아트가 그려져 있었다. 커넥트 커피의 라테아트는 날마다 달라진다고 하니 매번 카페에 올 때마다 어떤 라테 아트를 만날지 기대하는 재미도 쏠쏠할 것 같다.

스이쿄텐만구

맛있는 커피와 디저트도 즐기고 일도 열심히 했으니 이만 호텔로 돌아가서 쉴까 하다가 텐진이라는 지명이 탄생한 신사, 스이쿄텐만구水鏡天満宮까지 가고 짧은 텐진 나들이를 마무리하기로 했다. 일본 여행에서 놓칠 수 없는 문화 여행 중 하나가 신사神社다. 일본의 신사는 일본인의 인생에 깊숙이 들어와 있는 일본 고유의 문화이자 일본의 켜켜이 쌓인 역사와 함께 뿌리내린 자연이 살아 숨 쉬는 곳이다. 일본 어느 지역에 가도 고층 건물은 없을지언정 신사는 있기 때문에 가볍게 들리기에도 좋다. 스이쿄텐만구는 텐진역에서 가까웠는데, 신사 바로 앞에 버스 정류장이 있어서 신사 앞을 지나다니는 사람들의 발길이 끊이지 않았다. 종종 신사를 지날 때 신사를 향해 고개를 숙이거나 합장을 하는 사람들도 보였다.

스이쿄텐만구에 대한 이야기를 하려면 첫 여행지 다자이후텐만구에서 이야기했던 그 시대로 다시 돌아가야 한다. 901년에 교토에서 다자이후로 좌천된 스가와라 미치자네가 강에 비친 자신의 여윈 모습을 보고 한탄했다는 곳에 건립된 신사가 바로 스이쿄텐만구다. 스이쿄라는 이름의 한자는 물 수水, 거울 경鏡이다. 1612년에 초대 후쿠오카 번주 구로다 나가마사가 지금의 위치로 옮겼고 그 뒤로 스이쿄텐만구가 위치한 이곳 일대를 스가와라 미치자네의 또 다른 이름인 텐진天神으로 부르게 되었다.

　스이쿄텐만구는 텐진이라는 지역의 유래가 된 신사라고 하기에는 규모가 작아 보였다. 하지만 막상 들어가 보니 신사 안쪽 깊숙이 부지가 꽤 넓었고, 도심 한복판이라는 것을 잊을 정도로 녹음이 풍성했다. 다자이후텐만구에서 보았던 황소 동상, 작은 돌다리, 주홍색 도리이(신사에 세운 기둥 문) 등 아기자기한 볼거리가 많아서 다자이후텐만구의 축소판 같다는 느낌도 들었다. 신사 안을 거닐다 발견한 작은 연못 안을 들여다보니 커다란 잉어 몇 마리가 우아하게 헤엄을 치고 있었다. 그 옛날의 스

가와라 미치자네도 이렇게 연못에 자기 모습을 비춰보았던 것일까. 여러 상상을 하며 신사를 둘러보다가 밖으로 나왔다.

'텐진 빅뱅'으로 새로운 변화를 준비하는 텐진은 도시와 자연이 어우러진 다양한 매력을 지닌 곳이었다. 남은 기간, 텐진의 다른 매력도 계속해서 알아가고 싶다.

철판구이 텐진호르몬 총본점 鉄板焼天神ホルモン 総本店

영업시간 11:00~22:00

정기 휴무 1월 1일

커넥트 커피 コネクトコーヒー

영업시간 월, 수, 목, 금 12:00~20:00 일요일 · 공휴일 11:00~18:00

정기 휴무 매주 화요일

스이쿄텐만구 水鏡天満宮

주소 후쿠오카시 주오구 덴진 1-15-4

운영시간 24시간

입장료 무료

소원아 전부 이루어져라!

스미요시 신사

다이치노 우동

아침에 일어나자마자 호텔 옆 편의점에 가서 오니기리와 녹차를 사 와 간단히 먹었다. 후쿠오카에 오기 전에는 아침마다 분위기 좋은 카페에 가서 후쿠오카 직장인들을 무심히 쳐다보며 우아하게 모닝커피와 토스트를 먹는 상상을 했었지만, 그 이상을 이루기에 나는 너무 게으르다. 아침을 먹고 기분 좋게 하카타 거리로 나갔다. 유독 날씨가 맑고 하늘이 높았다. 어젯밤에 비가 많이 내리더니 온 세상이 깨끗해진 느낌이었다. 매일 조금씩 변하는 후쿠오카를 발견하는 일 또한 한 달 살기의 큰 즐거움이다.

고즈넉한 일본식 가옥과 조화롭게 어울리는 현대식 건물, 한산하고 깔끔한 거리에 삐죽삐죽 나온 전봇대와 여기저기 설켜 있는 전기선, 일본 감성이 물씬 느껴지는 거리를 빠져나오니 도로 건너편에 울창한 숲이 끝이 안 보일 정도로 펼쳐져 있었다. 처음에는 공원인가 싶었는데 스미요시 신사였다. 후쿠오카에 오면 꼭 한번 가보고 싶었던 신사였는데, 이렇게 우연히 아침 산책 중에 만나다니! 주저하지 않고 안으로 들어갔다.

스미요시 신사

스미요시 신사住吉神社는 1800년의 역사를 자랑하는 일본을 대표하는 신사이자 일본 전역에 2천 곳이 넘는 스미요시 신사의 시초가 되는 곳이다. 하카타에서 어업에 종사하던 사람들의 액운을 제거하고 무사 안전, 선박 수호, 행운을 바라는 3신을 모신다고 한다. 스미요시 신사에 들어가니 숲속에 온 듯한 착각이 들었다. 종교적 목적이 아니더라도 도심 속 녹색 공간을 걷는 경험은 언제나 행복하다. 입구에 세워진 붉은 도리이

를 지나 안쪽으로 들어가니 작은 에비스 상이 보였다. 우리가 아는 일본 에비스 맥주의 그 에비스가 맞다. 일본 칠복신 중 하나로 어업과 상업의 신이다. 옆의 푯말을 읽어보니 에비스 상을 만지는 부위에 따라 다른 소원을 빌 수 있다고 쓰여 있었다. 얼굴을 만지면 가내 안전, 배를 만지면 병환 퇴치, 에비스 신이 안고 있는 도미를 만지면 금전운과 상업 번성, 팔을 만지면 교통안전 혹은 재능이 향상된다고 한다. 소원을 이뤄준다면야 고마운 일이지만, 어떤 소원을 빌어야 할지 고민이 돼서 한참을 앞에 서 있었다. 그때 한 여성분이 오더니 에비스 상의 온몸을 다 쓸어 만지고 기도하고는 홀연히 사라지셨다. '아! 소원은 꼭 하나가 아니어도 되는 거구나!' 나도 따라서 에비스 상의 네 곳을 정성스레 만지며 소원을 빌었다.

스미요시 신사의 본전은 출구 쪽에 다다라서야 볼 수 있었다. 본전은 1623년 일본에 불교가 전래되기 전에 지어졌기 때문에 '스미요시즈쿠리'라는 일본 고대 신사 양식을 그대로 따르고 있었다. 기둥과 서까래 등을 붉게 칠하고 벽을 하얀 널빤지로 마감하고 직선형의 맞배지붕을 올리는 것을 특징으로 한다. 실제로 보니 다른 일본 신사와 달리 본전 건축물의 지붕 선이 곡선이 아닌 딱 떨어지는 직선이어서 신기했다. 본전 옆에는 고대 스모 선수 동상도 있었는데, 스미요시는 스모의 신을 모시는 신

| 스미요시 신사 본당 |

사라고도 한다. 지금의 스모 선수들과는 다른 엄청난 근육질이다. 우리 나라에서 씨름 경기가 과거의 전유물이 된 슬픈 현실과 달리 일본에서는 스모에 대한 인기와 관심이 엄청나다. 스모 경기가 매일 빠짐없이 뉴스에 나오고 스모 선수들은 연예인급의 인기를 누리고 있다. 일본에 살 때 보던 뉴스에서 여성 앵커가 가장 좋아하는 스포츠가 스모라고 말하는 것을 보고 매우 놀랐던 기억이 있다. 역시나 스미요시 신사에서도 가장 인기가 많은 스폿은 스모 동상이라고 한다. 동상의 오른손을 자세히 보면 손금이 力(힘 력) 자로 새겨져 있는데 이 부분을 만지면 힘이 세진다는 속설이 있어 다들 오른손을 한 번씩 만지고 갔다. 나도 조심스레 손바닥에 손을 갖다 대보았지만, 그 뒤로

60

전혀 힘이 세지진 않았다.

다이치노 우동

스미요시 신사를 나와 우동을 먹으러 하카타역으로 향했다. 후쿠오카에서 돈코츠 라멘만큼이나 큰 사랑을 받는 음식이 있다면 우동을 꼽을 수 있다. 아는 사람은 많지 않겠지만, 우동의 발상지 역시 이곳 후쿠오카다. 1241년 중국 송나라에서 귀국한 쇼이치 스님이 우동의 제분, 제법 기술을 전수하였고 그 업적을 기린 기념비가 하카타 죠텐지라는 절에 세워져 있기도 하다. 그중 다이치노 우동大地のうどん은 후쿠오카 사람이라면 1년에 한 번은 꼭 간다는 현지인 우동 맛집이자 후쿠오카 사람들이 가장 즐겨 먹는다는 우엉튀김 우동을 후쿠오카에서 처음 유행시킨 가게다. 하지만 나는 우엉튀김 우동이 아닌 다이치노 우동의 또 다른 간판 메뉴인 야채 튀김 붓카케 우동을 주문했다. 특별한 이유는 없다. 그냥 깔끔하고

차가운 면 종류가 먹고 싶었다. 붓카케 우동은 국물 없이 면에 간장과 국물을 조금씩 뿌려 먹는 우동으로 면발의 쫀득함과 쯔유의 달달함을 가장 극대화하여 느낄 수 있는 메뉴다.

다이치노 우동의 붓카케 우동은 비주얼부터 압도적이었다. 하얗고 도톰한 면 위로 피망, 당근, 가지, 우엉, 단호박 등 각종 야채 튀김이 한가득 올라가 있었다. 면 위에 올려진 튀김을 먼저 먹어봤는데 우동 전문점이 아니라 튀김 전문점에 온 건 아닌지 착각이 들 정도로 바삭거리는 식감에 야채 본연의 맛이 살아 있었다. 아무리 많이 먹어도 느끼하지 않고 고소했다. 우동 면은 탄탄하면서 쫄깃함이 살아있었고 쯔유는 너무 짜지 않으면서 약간의 단맛이 느껴져 좋았다. 튀김도 우동도 믿을 수 없을 정도로 너무나 훌륭한데 가격은 천 엔이 되지 않았다. 이렇게 맛있고 가성비 있는 맛집이 많은 후쿠오카에 있다는 생각에 그저 행복했다.

스미요시 신사 住吉神社
주소 **후쿠오카현 하카타구 스미요시 3-1-51**
운영시간 **매일 09:00~17:00**
입장료 **무료**

다이치노우동 하카타에키치카텐 大地のうどん 博多駅ちかてん
영업시간 **오전 11:00~16:00, 17:00~21:00**
정기 휴무 **연말연시 이외에는 연중무휴**

롯폰마쓰 동네 탐방

아맘다코탄
후쿠오카시 미술관

아침부터 늦잠을 자버렸다. 물론 후쿠오카에는 늦잠 잔다고 눈치를 주는 상사도 동료도 가족도 없다. 하지만 어제 새벽까지 롯폰마츠 여행 계획을 열심히 세워놓고 만족스러워하며 잤는데 늦잠이라니…. 나 자신을 용납할 수 없었다. 허겁지겁 호텔을 나와 롯폰마쓰행 버스를 탔다. 롯폰마쓰六本松는 세련된 카페와 베이커리, 트렌디한 상점으로 젊은 여성층을 중심으로 인기를 끌고 있는 후쿠오카의 핫플레이스다. 하카타역에서 버스로 열 정거장 정도 거리인데, 그동안 갔던 곳 대부분이 하카타와 텐진, 나카스에 모여 있던지라 어딘가로 버스를 타고 이동하는 것만으로도 여행 속의 또 다른 작은 여행을 떠나는 기분이 들었다.

아맘다코탄

버스 창밖으로 롯폰마쓰 표지판이 보이기 시작한 뒤 얼마 가지 않아 아맘다코탄アマムダコタン이 보였다. 아맘다코탄을 온 적은 없었지만, SNS에서 보았던 아맘다코탄 특유의 인테리어와 가게 앞을 가득 메운 사람들의 행렬만으로도 바로 그곳임을 알 수 있었다. 아맘다코탄은 인기 이탈리안 레스토랑의 대표 셰프가 2018년 오픈한 빵집으로 개장 초부터 가게 밖을 가득 메운 사람들의 행렬이 가게 풍경의 일부처럼 여겨질 정도로 인기를 끌었다. 일본 전국의 빵 애호가들이 일부러 후쿠오카 롯폰마쓰까지 아맘다코탄만을 위해 올 정도라고 하는데, 어떤 일본 여배우는 TV 프로그램에서 추천하는 맛집 질문을 받을 때 꼭 아맘다코탄을 이야기한다고 한다. 그 이유가 취재가 아니면 가서 먹기 어렵기 때문이라고. 빵으로 일으킨 신드롬 적 인기라고 할 수 있다.

아맘다코탄은 빵부터 시작하여 내부 인테리어, 소품 하나까지, 어디에서도 본 적 없는 아맘다코탄만의 색감과 개성이 있었다. 동화 헨젤과 그레텔이 연상되는 몽환적인 분위기의 인테리어에 120여 종류에 달하는 진열대의 빵들도 하나같이 작은 예술품처럼 예뻐서 너무나 제한적인 내 돈 사정이 아쉽기만 했다. 실제로 아맘다코탄 사장의 개성과 철학을 담은 책이 출간된 적도 있다고 하니 어떤 일을 하든 확고한 신념과 철학이 있다면 성공할 수 있는 것 같다.

나는 미리 생각해 놓은 대표 메뉴 타코탄버거, 페페론치노 명란바게트, 딸기 마리토츠오를 담았고 추가로 나폴리탄 빵도 담았다. 가격은 전부 다 해서 1,760엔으로 유명세에 비해 전혀 비싸지 않은 가격이다. 아맘다코탄은 가게 바로 왼쪽 건물에 카페를 별도로 운영하고 있었다. 아맘다코탄 가게에서 빵을 산 뒤 카페에 가서 커피를 주문하면 빵과 함께 먹

을 수 있다. 나도 따뜻한 아메리카노를 한 잔 시켜놓고 빵을 렌지에 데운 뒤 자리에 앉았다. 카페 안에는 친구로 보이는 여학생 세 명이 '오이시이, 오이시이' 감탄하며 행복한 표정으로 빵을 먹고 있었다. 이제 나도 그 행복한 힐링에 동참할 차례.

가장 먼저 아맘다코단의 대표 메뉴인 타코탄버거를 먹어보았다. 한 입 베어 물자마자 후추 같은 강한 향신료 냄새가 강하게 퍼졌고 정성스럽게 구운 야채와 햄버거 패티, 소스가 어우러지며 독특한 맛이 났다. 재료가 넘칠 정도로 담뿍 들어가 있어서 베어먹기 힘들 정도였고, 겨우 버거 하나를 먹었을 뿐인데 배가 불렀다. 그래도 다른 빵들도 산 김에 바로 먹어보고 싶어서 한 입씩 먹어봤다. 명란 바게트와 나폴리탄 빵은 맛있었지만, 특별하다고 느껴질 정도는 아니었고 생크림을 넘치도록 담뿍 넘은 마리토츠오는 먹다 보니 조금 느끼했다. 빵을 한꺼번에 너무 많이 사버려서 고민이 되긴 했지만, 오늘내일 배고플 때마다 아맘다코탄 빵을 하나씩 꺼내 먹는 사치를 부려볼 생각이다.

롯폰마쓰 아맘다코탄에서 도보로 10분 정도 거리에 오호리 공원과 후쿠오카시 미술관이 있어서 다음 코스로 이 두 곳을 계획하고 있었다. 예쁜 빵집에 들른 뒤 아름다운 미술 작품을 감상하고 오호리 공원에서 산책하며 힐링하는 코스. 이 계획은 완벽했다. 난데없는 눈보라를 만나기 전까지는 말이다. 아맘다코탄 카페에서 빵을 먹을 때만 해도 조금씩 예쁘게 내리던 눈이 내가 나올 때쯤 되니 눈보라로 변해 있었다. 너무 추워서 후쿠오카시 미술관으로 가는 길이 10분이 아니라 한 시간처럼 느껴졌다. 길에는 어딘가에서 떨어져 나온 강철 간판이 바닥에 나뒹굴고 있었

다. 일본이라는 섬나라 바람은 우리나라와는 비교도 안 되게 강한 편이
어서 사람이 몸을 가누지 못할 정도고 심할 때는 온 거리에 물건이 날아
다녀서 인명피해, 재산 피해도 적지 않다. 덜컥 겁이 나서 서둘러 발걸음
을 옮겼다.

후쿠오카시 미술관

눈바람을 뚫고 겨우 들어온 미술관은 평화롭고 따뜻하여 마치 천국 같
았다. 창밖으로는 오호리 공원이 보였지만, 공원은 날씨가 좋을 때 다시
오기로 하고 미술관에서 차분히 전시를 보다가 돌아가기로 했다. 후쿠
오카시 미술관은 후쿠오카를 대표하는 시립 미술관으로 1979년 개관하
여 후쿠오카와 관련 있는 고미술품과 함께 동서양을 아우르는 다양한 현
대 미술품을 감상할 수 있다. 일반전과 특별전이 있는데 나는 1층의 고
대 미술관전과 2층의 현대 미술관전을 볼 수 있는 일반전 티켓을 끊어서
2층으로 올라갔다. 도쿄 롯폰기의 모리 미술관에 갔을 때는 너무 난해하

거나 보기 민망한 작품도 많아서 당황
스러웠는데 후쿠오카시 미술관은 후
쿠오카처럼 너무 요란하지도 화려하
지도 않은 단정한 느낌의 작품이 대부
분이었다. 마음이 차분하고 평화로워
졌다. 여러 작품을 천천히 감상하다가
어느 후쿠오카 출신 화가의 개인 미술
전 앞에 다다랐다. 전시관 입구에 걸

린 작은 액자 속에는 이런 글이 쓰여 있었다.

지평선과 길

그릴 수 없게 되었을 때는 눈앞에 있는, 보이는 것을 그대로 그리면 된다.

눈앞에 땅과 하늘이 있고 그곳에서 시작된 지평선 그림.

계속 그림 그리는 일을 하고 싶다고 생각했다.

어떻게 하면 그림을 그리면서 살 수 있을까?

예술가라고 불리는 사람은 도저히 될 수 없을 것 같아서

그림을 그리는 사람이 되고 싶었다.

도중에 그만둘 용기도 없었다.

생사의 갈림길에서 태어났기 때문인지 삶에 집착한다.

내 안에 무엇이 있는지

그림을 그릴 이유를 찾고 있었지만 좀처럼 찾을 수 없었고,

구멍이 뻥 뚫린 구멍 난 용기 같았다.

누군가와 함께 일을 하면서

조금씩 자신의 겉면이 형성된 기분이 든다.

벽화가 완성되기까지 3년 동안 무슨 일이 일어날지 모르지만

어떻게든 살아남아서 건강하길.

- 다나카 치사토

담담하면서도 강한 심지가 느껴지는 이 글에 마음을 빼앗겼다. 나 또한 이 글에서 느껴지는 여러 감정에 직면한 적이 있었기 때문일 것이다. 우연한 기회로 글을 쓰게 되었고 후쿠오카까지 와서 글을 쓰는 이러한 행운이 이루 말할 수 없이 감사하고 행복하지만, 내가 언제까지 쓸 수 있을까에 대한 불안함도 컸다. 장래에 대한 고민은 많았지만, 좀처럼 내 재능을 믿을만한 구석도 없었다. 하지만 역시 마음은 계속해 보고 싶다는 방향을 가리킬 뿐이었다. 그녀가 쓴 글처럼 글을 쓸 수 없게 되었을 때는 그냥 보이는 것을 그대로 적으면 된다는 심정으로, 포기할 용기도 없으므로.

화가 다나카 치사토의 다른 작품들도 궁금해졌다. 전시관 안으로 들어갔다. 그녀의 작품은 색채가 풍부하면서도 어둡고 몽환적인 분위기가 마치 꿈속을 들여다보는 듯한 느낌이었다. 두렵지만 아름다우면서도 따뜻한 꿈 같았다. 그리고 나란히 걸려 있는 두 그림 앞에서 다시 한번 멈춰섰다. '고독한 자유'와 '부자유한 행복'. 고독하지만 자유로운 것 그리고 행복하지만 마냥 자유롭지 않은 것. 낯선 땅에 떨어져 한 달 살기를 하는 지금의 내 모습을 나타낸 것 같아 그림 속 작고 연약해 보이는 아이의 모습에 나를 그대로 투영시켜 보았다.

미술관 밖으로 나오니 눈발이 더욱 짙어져 있었다. 미술관 앞 버스정류장에서 하카타행 버스를 기다리는데 내 뒤를 따라 나온 한국인 가족이 버스 정류장 뒤쪽으로 보이는 후쿠오카 성터와 일본 정원을 쳐다보며 '이렇게 멋있는 곳을 하나도 못 보고 그냥 가네~' 하며 아쉬워하는 소리가 들렸다. 모처럼 여행을 왔는데 이렇게 궂은 날씨라면 마음이 무척 상할 것이다. 하지만 서로의 체온에 의지하며 몸을 맞대고 후쿠오카의 눈서리를 맞으며 추위에 떨었던 이 시간 또한 언젠가는 가족만의 좋은 추억이 되어 있지 않을까. 가족의 행복한 후쿠오카 여행을 바라며 어느새 다가온 버스 위에 올랐다.

아맘다코탄 롯폰마쓰점 アマムダコタン 六本松店
영업시간 10:00~19:00 (빵 소진 시 종료) 연중무휴

후쿠오카시 미술관 福岡市美術館
개관시간 매일 09:30~17:30
휴관일 월요일(공휴일인 경우는 그다음 날) 연말연시(12월 28일~1월 4일)

하카타 먹방 여행

우동 타이라
카이센동 히노데
죠스이안

10년 만에 온 가장 매서운 한파는 한국과 일본을 휩쓸었다. 전국에 눈이 내리고 칼바람이 몰아쳤다. 후쿠오카는 영하로 기온이 떨어졌는데, 겨울에도 영상 4~5도 정도를 유지하는 후쿠오카에서는 드문 일이다. 길을 지나가는 사람들은 약속이나 한 듯이 '춥다, 너무 춥다'를 입버릇처럼 말했고, 나도 한국에서 챙겨간 두꺼운 패딩과 팔토시를 꺼냈다. 이런 추운 날에는 몸을 따뜻하게 데워줄 국물이 먹고 싶어진다. 후쿠오카에는 맛있는 나베 요리가 많지만, 오늘은 따뜻한 미소시루와 영양가 있는 밥이 있는 일본 가정식을 먹으면 딱 좋을 것 같았다. 그런데 정식집을 찾아보니 내가 가고 싶은 가게 대부분이 오늘 휴무였다. 샐러리맨을 타깃으로 하는 정식집이 평일에 휴무라니…. 이해가 되지는 않았지만, 일본이니 한국의 정서와 다를 수 있다고 생각하며 현실을 받아들였다. 급히 다른 곳을 찾아 헤매다가 도착한 곳은 우동 타이라うどん平였다.

우동 타이라

메뉴 선정이 늦어지는 바람에 점심 시간인 12시에 딱 맞춰서 가게 되었다. 얼마나 기다려야 할지 걱정되는 마음으로 도착한 가게 앞의 줄은 다행히 길지 않았다. 그렇게 한 10분 정도 밖에서 기다렸는데, 가게 직원분이 나오시더니 앞쪽 손님부터 차례로 일행이 몇 명인지 물어보셨다. 내 차례가 되어 한 명이라고 손가락으로 숫자 1을 표시했는데 갑자기 나에게 바로 들어오라는 사인을 보내셨다. 처음에는 내가 맞나 의아했는데, 앞줄 사람들이 다 나를 쳐다보는 걸 봐서 맞는 것 같았다. 가게 안을 들어가니 정말 딱 한 자리가 남아 있었다. 혼자 하는 여행에서 누릴 수 있는 최고의 혜택이었다. 처음에는 출입구 쪽 모서리 자리에 앉았는데, 직원분이 친절하게도 조금 더 안쪽 자리가 좋지 않냐며 나중에 자리를 바꿔주시기까지 했다. 손님 맞으랴 계산하랴 서빙하랴 정신없이 바쁜데도 이토록 세심한 배려를 해주시다니! 손님 한 명 한 명에게 최선을 다하는 마음에서부터 타이라 우동 맛이 어떨지는 예상할 수 있었다.

　나는 니쿠고보우동(고기우엉튀김우동)을 주문했다. 후쿠오카에서 우동을 주문할 때는 이 메뉴를 먹기로 결심했었다. 한 메뉴로 통일하여 다른 우동 가게와 맛을 비교해 보고도 싶었고, 후쿠오카 사람들이 우동에 꼭 올려 먹는 '우엉튀김'만 먹기에는 너무 단출한가 하여 고기도 같이 넣은 것이었다. 타이라 우동에서는 직접 면을 가게 안에서 반죽해서 만드는데 그날 직접 반죽한 생면이 전부 팔리면 영업을 끝낼 정도로 면에 대한 고집과 철칙이 엄격하다고 한다. 이러한 정성 때문일까. 타이라 우동

의 면은 매끄럽다는 말이 나올 정도로 부드럽지만 툭툭 끊어지지 않고 적당히 씹는 맛도 있어서 우동 국물과 정말 잘 어울렸다. 우동 국물은 깔끔하면서 깊은 맛이 났고 우엉튀김은 튀김옷이 바삭바삭하고 우엉의 고소한 풍미가 입안에 가득 퍼졌다. 타이라 우동은 가시와메시(닭고기 영양밥)도 맛있다고 하여 추가로 주문했는데, 도쿄에서 먹었던 오니기리 형태로 만든 가시와메시가 아니라 조그만 찻잔에 담겨 나와서 귀여웠다. 가시와메시 역시 후쿠오카에서 유래된 음식으로 규슈 지방에서는 옛날에 닭고기를 '가시와'라고 불렀기에 '가시와메시'라는 이름이 붙여졌다고 한다. 후쿠오카 사람들이 가정에서는 물론 축제나 운동회 등 특별한 날에도 꼭 만들어 먹는 음식이라고 하니 후쿠오카에 온다면 본고장의 가시와메시를 꼭 먹어보기를 추천한다.

카이센동 히노데

호텔로 돌아가 저녁까지 일을 하고 다시 저녁을 먹으러 하카타역 지하 맛집 거리 데이토스로 향했다. 생각해 보니 오늘 하루 종일 또 하카타에만 있었다. 하카타에는 특별한 볼거리는 없지만, 하카타역에만 가면 쇼핑몰이며 먹거리며 없는 것이 없어서 할 것은 의외로 많았다. 한편으로 한 달 살기가 이렇게 소소해도 괜찮을까 하는 걱정도 들었지만, 이런 소소함이 있기에 오래 머무는 여행이 더 특별한 것 아닐까. 특히 나는 미식의 도시 후쿠오카에 온 만큼 후쿠오카의 맛있는 음식을 전부 후회 없이 먹고 돌아가겠다는 무지막지한 포부를 가지고 여행을 왔다. 먹고 싶은 요리도 먹어봐야 하는 요리도 너무나 많다.

오늘 먹을 저녁 메뉴는 카이센동이었다. 일본에 갈 때면 꼭 먹는 음식으로 갖가지 해산물이 올라간 해산물 덮밥이다. 한국에서는 카이센동을 파는 곳도 많지 않거니와 가격도 비싼 편이라 접하기 힘든 데 비해 일본에서는 신선하고 합리적인 가격에 맛있는 카이센동을 쉽게 먹을 수 있다. 카이센동 히노데海鮮丼 日の出 역시 내가 찾던 그런 가게 중 하나였다. 가게 안을 들어가니 관광객은 한 명도 없고 일을 마치고 온 정장 차림의 직장인만 몇 명 있었다. 나도 혼자 퇴근한 분위기를 내보며 자리에 앉았다. 혹시 후쿠오카에서만 먹을 수 있는 카이센동이 없을까 하여 하카타동, 고마사바동 등 여러 메뉴를 살펴보다가 뎃카동鉄火丼이라는 메뉴에 꽂혀버렸다. 뎃카동은 마구로(참치) 중에서도 감칠맛이 강한 아카미, 붉은 살만을 올린 마구로동이다. 마구로의 아카미를 일본에서는 뎃카鉄火라고 부르는데 마구로의 붉은 살이 꼭 불火에 달궈진 철鉄과 같다는 의미에서 붙여진 이름이라고 한다. 뎃카동은 이제껏 한 번도 들어본 적도 먹은 적도 없는 데다 히노데가 특히 뎃카동으로도 유명하다 하여 한번 도전해 보자는 마음으로 주문했다.

잠시 후 나온 뎃카 마구로동은 그릇 위에 한 송이의 꽃이 핀 듯 정갈하게 놓인 참치회의 아름다운 색감만으로도 재료의 신선함이 그대로 느껴졌다. 카이센동 히노데에서는 식탁에 준비된 특제 고마 쇼유에 와사비를 넣고 카이센동에 뿌려서 먹는다. 마구로 아카미는 스시를 먹을 때는 기름기가 별로 없어서 선호하지 않았던 부위인데 이렇게 소스를 뿌려 카이센동으로 먹으니, 간이 적절히 배면서도 살짝 고소한 맛이 돌면서 부담스럽지 않고 입 안에서 사르르 녹아내렸다. 도톰하고 신선한 회, 고슬고

슬한 밥, 짭짤한 고마 쇼유의 풍미, 조연인 것 같지만 주연 같은 미소시루와 차왕무시까지. 더 이상 어떤 말이 필요할까. 우리 집 옆에 이런 카이센동 가게가 있으면 매일이 행복할 것 같다.

죠스이안

오늘 하루도 맛있게 저물어 갔다. 호텔로 돌아가기 전 죠스이안如水庵에 들러 이치고 다이후쿠 하나를 샀다. 이치고 다이후쿠는 일본의 딸기 찹쌀떡으로 어느 디저트 가게에 가도 맛있지만, 특히 죠스이안의 이치고 다이후쿠는 명품 중의 명품이다. 죠스이안은 일본의 대표 와가시和菓子 화과자 전문점으로 공항 면세점에서도 자주 볼 수 있는 지쿠시 모찌로도 유명하다. 고급스러운 가게 분위기만 보면 선뜻 들어가기 어렵지만, 포장 상품뿐 아니라 낱개 제품도 팔고 있어서 혼자서도 부담 없는 가격에 와

가시를 맛볼 수 있다. 호텔 라운지로 돌아와서 시원한 녹차와 함께 이치고 다이후쿠를 한입에 넣었다. 입 안 가득 퍼지는 향긋한 딸기 향과 딸기를 감싼 얇은 백앙금, 그 위를 얇은 떡으로 한 번 더 감싸 쫄깃함을 살린 맛이 자극적이지 않으면서 은은하고 달달해서 하루의 피로가 싹 풀리는 듯했다.

일본은 언제나 이렇다. 강하게 자신을 드러내지는 않지만 은은하면서도 강하고 부드럽게 스며든다. 후쿠오카에 온 지 일주일이 지났는데, 후쿠오카를 많이 알게 된 것 같으면서도 아직 어떤 곳인지 잘 모르겠다. 하지만 무언가를 잘 알아가기 위해서는 꽤 긴 시간이 필요하다. 조금씩, 아주 조금씩 자신을 보여주는 일본이라면 더욱 그렇다. 언젠가 후쿠오카에 대한 나만의 정의를 내리는 그날까지, 후회 없이 이 시간을 즐기고 싶다.

우동 타이라 うどん平

영업시간 월~토 11:15~15:00 (L.O 14:45)

정기 휴무 일요일, 공휴일

카이센동 히노데 하카타 데이스토점 海鮮丼 日の出 博多デイトス店

영업시간 11:00~22:00 (L.O 21:30) 연중무휴

죠스이안 하카타역전본점 如水庵博多駅前本店

영업시간 평일 09:00~19:00, 주말 · 공휴일 09:30~18:00 연중무휴

나홀로 나카스 여행

카미가와바타 상점가

바쿠레

후쿠오카 아시아 미술관

오늘부터 5박 6일간 고등학교 동창 현정이가 딸 준희와 함께 후쿠오카에 온다. 도쿄에 살 때는 친구들이 연례행사처럼 띄엄띄엄 왔었는데, 이번에 후쿠오카에 간다고 하니 너도나도 후쿠오카에 가겠다고 난리였다. 후쿠오카라는 도시가 주는 내적 친밀감은 어디에서 오는 것일까. 덕분에 나는 이번 한 달 살기 동안 외로움을 느낄 틈이 없었다. 현정이는 오후 비행기로 올 예정이기에 그 전에 나카스에 가서 카미가와바타 상점가를 구경하며 점심을 해결하기로 했다.

카미가와바타 상점가

카미가와바타 상점가上川端商店街는 130년이 넘는 역사를 지닌 후쿠오카에서 가장 오래된 시장으로 우리나라의 여느 재래시장과 비슷한 소박한 느낌이 들었다. 일본 전통 그릇, 조각품, 기모노, 인형, 잡화 등 파는 품목도 다양했고 긴 시간 상점가를 지켜온 노포와 상점 주인들의 소소한 일상을 가까이에서 볼 수 있었다. 상점가 중간쯤에 후쿠오카 3대 명물이라고도 불리는 팥죽 가게 '가와바타 젠자이 히로바'가 보였는데 아쉽게도 오늘이 휴무였다. 하지만 아쉬움도 잠시, 가게 한 컨을 차지한 건물 한 채 규모의 가마를 보고 두 눈을 의심할 수밖에 없었다. 후쿠오카의 대표 여름 축제 기온 야마카사 축제 때 사용하는 장식용 가마라고 하는데, 이렇게 큰 가마를 사람들이 지고 마을을 돈다고 하니, 기온 야마카사 축제가 얼마나 큰 규모의 축제일지 조금은 상상할 수 있었다.

바쿠레

카미가와바타 상점가의 끝자락, 특별한 볼 일이 있지 않으면 누구도 들어갈 것 같지 않은 구석에 함바그 카레 가게 바쿠레バークレー가 있었다. 카미가와바타 상점가에서 50년이 넘는 세월 동안 한 자리를 지키고 있는 현지인 맛집인데, 소문대로 가게 안은 옛날 양식 가게 느낌이 물씬 풍겼다. 손때 묻은 코팅된 메뉴판, 벽에 걸린 골동품들, 앤티크 풍 가구가 몇십 년의 세월을 증명하고 있었다.

앉자마자 간판 메뉴 함바그 카레를 주문했는데 그릇에 카레 소스를 뿌린 큼직한 함바그 한 덩이와 피클 몇 개만 턱 하니 올려져 나왔다. 투박한 모양새가 오히려 이 가게다워서 마음에 들었다. 함바그를 수저로 크게 떠서 카레를 듬뿍 얹어 먹으니 옛 향수를 불러일으키는 정겨운 일본 카레 맛이 났다. 함바그는 고소하면서 부드러웠고 특히 함바그와 카레의

궁합이 정말 좋았다. 매일 우동, 라멘 같은 일식만 먹다가 이국적인 카레를 먹으니 더욱 맛있게 느껴진 것 같기도 하다. 일본 카레는 절대 실패하지 않는 메뉴 중 하나다.

후쿠오카 아시아 미술관

카미가와바타 상점가를 한 바퀴 돌고 나오니 다시 나카스 중심 거리였다. 남은 시간 딱히 할 일도 없고 눈앞에 보이는 하카타 리버레인 쇼핑몰로 들어가 잡화를 구경하다가 우연히 건물 내 엘리베이터에 랩핑 된 이국적이면서 독특한 느낌의 일러스트를 발견했다. 건물 7, 8층에 후쿠오카 아시아 박물관이 있었다. 궁금한 마음이 들어 엘리베이터를 타고 위로 올라갔다.

후쿠오카 아시아 미술관은 특별전으로 열린 영국 화가 뱅크시 작품전을 보기 위해 몰려든 사람들로 북적였다. 한쪽에 마련된 뱅크시 그림이 새겨진 굿즈를 계산하느라 사람들이 줄을 설 정도였다. 정적이고 조용

했던 후쿠오카시 미술관과 달리 후쿠오카 아시아 미술관은 역동적이고 활기찼다. 그런데 여기서 드는 의문 하나, 뱅크시는 영국 작가 아니던가?!

뱅크시 특별전은 입장료가 비쌌지만, 일반 전시는 200엔 정도라 부담이 없어서 후쿠오카시 미술관과 비교도 할 겸 티켓을 끊었다. 후쿠오카 아시

아 미술관은 19세기에서 현대에 이르기까지 아시아 근현대 미술 작품을 수집해 전시하는 독보적인 미술관으로 뛰어난 예술성을 지닌 아시아 근현대 회화, 조각, 판화, 공예 등 다양한 장르의 미술 작품들을 관람할 수 있다. '아시아'라는 지역에 한정된 미술 작품을 전시하면 어떤 느낌일지 잘 상상이 가지 않았는데, 작품이나 구성 모두 서양전에 뒤지지 않을 정도로 볼거리가 풍부하고 훌륭했다. 한국, 일본, 중국, 베트남, 인도, 캄보디아 등 다양한 나라의 작품을 다루고 있어서 각 나라의 색채나 화풍을 비교, 감상하는 재미가 있었고, 대부분이 근현대 작품이라 우리가 살고 있는 현시대의 문제들을 다룬 작품이 많다는 점도 흥미로웠다. 우리도 아시아 국가인 만큼 아시아 국가의 작가들에게 더 많은 관심을 가져보면 좋을 것 같다고도 생각했다.

전시 관람을 마치고 나오니 나카스 도심이 내려다보이는 전망 좋은 자리가 보였고 옆에는 카페가 있었다. 빗방울이 하늘에서 조금씩 창에 떨어지며 나카스를 물들이는 운치 있는 풍경을 시원한 카페 라테 한 잔을 마시며 감상했다. 도시 한복판에 있는 미술관이라 이런 멋진 전망을 볼 수 있는 이점도 갖고 있었다. 주위를 살펴보니 어떤 사람은 도시락을 가져와 먹고 있었고 어떤 사람은 조용히 책을 읽으며 여유로운 시간을 보내고 있었다. 이 공간만으로도 후쿠오카 아시아 미술관에 와야 할 이유는 충분했다.

오후 5시쯤 되어 현정이와 공항에서 상봉했다. 일본에서 만나니 한국에서 보던 느낌과 전혀 다른 특별한 기분이 들었다. 일본에서 보내는 일상을 친구와 공유할 수 있다는 것 또한 한 달 살기에서만 가능한 특별한 경험일 것이다. 앞으로의 5박 6일이 어떤 날들이 될지 기대되고 설레었다. 국제선에서 국내선으로 가는 셔틀버스 안에서 현정이와 쉴 새 없이 수다를 떠는 사이 준희는 버스 밖으로 보이는 후쿠오카의 풍경을 물끄러미 쳐다보고 있었다. 아이의 눈에 비치는 후쿠오카는 어떤 모습일까. 그리고 앞으로 어떤 모습들이 그려지게 될까.

카미가와바타 상점가 上川端商店街
주소 후쿠오카현 후쿠오카시 하카타구 카미가와바타마치 6-135
운영시간 매장별 상이

바쿠레 バークレー
영업시간 11:00~20:00 (라스트 오더 19:40) 비정기휴무

후쿠오카 아시아 미술관 福岡アジア美術館
개관시간 09:30~17:30, 7월~10월 금·토 오후 8시까지 개관 (입장은 폐관 30분 전까지)
휴관일 월요일, 12월 28일~1월 4일 (월요일이 공휴일·대체 휴일인 경우는 그다음 첫 번째 평일이 휴관일)

난바숏토(なんばしょっと)?

캐널시티
산리오 갤러리 하카타점
에비스야 우동
로바다 넘버 샷

오늘은 원래 오호리 공원을 갈 예정이었지만, 날씨가 좋지 않아 캐널시티에 가기로 일정을 변경했다. 캐널시티는 후쿠오카를 대표하는 지하 2층, 지상 8층의 대형 쇼핑센터로 패션, 식당, 잡화, 영화관, 극장, 호텔 등 250여 개의 상업시설이 한곳에 모여 있고, 30분마다 이어지는 분수쇼와 크고 작은 공연으로 사람들에게 축제와 같은 시간을 선물하는 후쿠오카의 보석 같은 공간이다.

캐널시티는 하카타역에서 도보로 10분 거리에 있었다. 겉에서 봤을 때는 단순히 큰 쇼핑몰일거라 생각했는데 안으로 들어가니 테마파크가 연상되는 공간이었다. 운하(캐널)를 중심으로 펼쳐진 광장과 잔잔히 흐르는 물, 여러 층이 한눈에 들어오는 입체적 구조, 몽환적인 디즈니 주제곡 노랫소리, 자유로워 보이는 사람들의 표정까지, 캐널시티에서의 모든 경험이 특별하게 느껴졌다.

산리오 갤러리 하카타점

준희가 곧 초등학교에 입학해서 캐릭터 학용품을 사기 위해 산리오 갤러리サンリオギャラリー로 향했다. 매장 안에는 헬로키티, 마이멜로디, 시나몬롤 등 귀여운 산리오 캐릭터가 들어간 학용품과 잡화가 가득했는데, 캐릭터 왕국 일본답게 학용품 또한 놀랍도록 귀엽게 잘 만들었다. 준희는 신이 나서 상점 안 여기저기를 돌아다니며 마음에 드는 굿즈를 고르느라 여념이 없었고 나도 귀여운 캐릭터의 매력에 빠져 어느새 동심으로 돌아가 있었다. 어렸을 때 예쁜 캐릭터 학용품 하나를 받으면 온 세상을 다 가진 것처럼 행복해서 공부할 의욕이 샘솟고는 했었다.

그런데 문제가 생겼다. 산리오 숍에서는 면세가 오후 1시부터 가능하다고 한다. 담은 물건이 아까워 부탁을 해봤지만, 소용이 없었다. 결국 샀던 물건을 전부 내려놓고 밖으로 나오는데 마침 그때 캐널시티의 분수 쇼 댄싱 워터가 시작하려 하고 있었다. 캐널시티 건물 전체에 신나는 록 음악이 쾅쾅 울리면서 음악에 맞춰 맨 아래층의 분수가 건물의 2층, 3층 높이까지 치솟았다. 이리저리 방향도 바꾸고 물줄기가 세졌다가 약해졌다가 현란했다. 매시간 무료로 볼 수 있는 분수 쇼라고 하기에는 퀄리티가 높았다. 저녁 때는 야간 조명까지 더해져 더 환상적인 연출을 보여준다고 하니 다음에는 저녁에 한 번 보러 오기로 했다.

에비스야 우동

후쿠오카에는 두 종류의 음식이 있다. 현지인이 더 좋아하는 음식, 한국인이 더 좋아하는 음식. 캐널시티 바로 건너편에 있는 에비스야 우동 えびすやうどん의 갈비 붓카케 우동은 두말없이 후자에 해당하는 음식이다. 갈비 붓카케 우동, 일명 '갈비 우동'은 2014년 우동 제일 결정전 UI 그랑프리에서 준우승을 차지한 메뉴로 한국인에게 익숙한 갈비가 토핑으로 올라가서인지 한국 관광객에게 특히나 인기가 많다. 이날도 영업 시

작 30분 전부터 가게 밖에 긴
행렬이 이어졌는데, 대부분이
한국 사람이었다. 영하를 넘나
드는 겨울 한파를 건디며 이렇
게까지 해서라도 갈비 우동을
먹겠다는 열정의 사람들(물론

나를 포함)과 상황이 웃겨 웃음이 나왔다. 30여 분을 밖에서 오들오들
떨다가 들어간 가게 안은 전쟁터 같던 바깥 상황과 달리 조용하고 평화
로웠다. 먼저 들어간 사람들은 언제 그런 일이 있었냐는 듯 갈비 우동을
너무나 맛있게 먹고 있었다.

오랜 기다림 끝에 만난 갈비 붓카케 우동은 쫄깃한 우동면에 짭짤하게
양념 된 갈비, 달걀노른자가 올라가 있었다. 면발은 쫄깃하며 탱탱했고
갈비는 살짝 불맛이 나면서도 달짝지근해서 한국 갈비 맛과 비슷하면서
도 더 짭짤했다. 노른자를 살짝 터뜨려 면과 갈비에 찍어 먹거나 같이 나
온 튀김가루를 뿌려 먹으면 색다른 맛으로도 즐길 수 있었다. 에비스야
우동의 갈비 우동은 한국과 일본이 오묘하게 조화된 맛있는 퓨전 우동이
었다.

로바다 넘버 샷

친구가 왔는데 일본의 이자카야가 빠질 수 없다. 저녁에는 이자카야
로바다 넘버 샷炉端NUMBER SHOT으로 향했다. 로바다 넘버 샷은 각종 브
랜드 숍과 빈티지 매장이 모여 있는 다이묘 거리에 있었는데, 후쿠오카

MZ 감성 가득한 활기 넘치는 거리에 위치한 깔끔하고 모던한 느낌의 가게였다. 매번 가던 어둡고 시끌벅적한 이자카야와는 180도 다른 분위기였다. 후쿠오카에서는 요즘 파인다이닝 분위기의 이자카야가 주목받고 있다고 한다.

로바다 넘버 샷은 일식과 양식이 조화된 독특한 메뉴들로 가득했고 음식 맛은 안주여서 그런지 대체로 짭짤했다. 아이가 있어도 편하게 술 한 잔 즐길 수 있는 밝고 따뜻한 분위기인 점도 좋았다. 특히 직원들의 서비스가 감동적이었는데, 가게 안의 손님들을 계속 세심히 살피며 말하지 않아도 먼저 필요한 것을 가져다주었고 주문할 때마다 음식을 둘로 나눌지 셋으로 나눌지까지 물어봐 주셨다. 준희에게는 콜라를 서비스로 챙겨주고 마지막에 가게를 나올 때는 추운 데 따뜻하게 가라며 귀여운 메시지가 적힌 핫팩까지 받았다.

선뜻 자신의 시간과 노력을 내어주는 친절함과 배려심. 이런 마음은 어디에서 나오는 것일까? 후쿠오카 이자카야에서 최고급 호텔 부럽지 않은 환대를 받으니, 집으로 돌아가는 길이 더욱 즐거웠다. 로바다 넘버 샷의 '넘버 샷'은 하카타 사투리 '난바숏토なんばしょっと'에서 온 단어로 '뭐 하고 있어?'라는 뜻이라고 한다. 그냥 보내기 아쉬운 주말 저녁, 누군가가 '뭐 하고 있어?'라고 묻는다면, 가볍게 로바다 넘버 샷으로 발길을 옮겨보는 것은 어떨까.

캐널시티 하카타 キャナルシティ博多
영업시간 숍 10:00~20:00 레스토랑 11:00~23:00 연중무휴

산리오 갤러리 하카타점 サンリオギャラリー 博多店
영업시간 10:00~21:00 연중무휴

에비스야 우동 하카타 스미요시 점 えびすやうどん 博多住吉店
영업시간 11:30~18:00
정기 휴무 매주 수요일

로바다 넘버 샷 炉端 NUMBER SHOT
영업시간 18:00~24:00 (L.O 23:00) 금 · 토 18:00~02:00 (L.O 01:00)
비정기 휴무

눈보라 속 기타큐슈 여행

모지코 레트로

커리 혼포 모지코 레트로점

고쿠라성과 정원

혼키노야키우동전문점 키츠네

새로운 일본의 매력을 발견하려면 소도시로 가라는 말이 있다. 일본은 도심을 조금만 벗어나도 일본 특유의 아기자기함과 전통이 어우러진 새로운 여행지를 만날 수 있다. 우리도 오늘은 하카타를 떠나 일본 소도시의 매력을 찾아 떠나보기로 했다. 목적지는 규슈의 현관이자 규슈 제2의 도시로 불리는 기타큐슈北九州다.

모지코 레트로

하카타역에서 JR 소닉 열차를 타고 고쿠라역으로 향했다. 오랜만에 떠나는 기차 여행이라 들뜬 마음을 감출 수 없었다. 하카타역에서 고쿠라역까지는 40분 정도가 걸리는데 에키벤駅弁 철도역이나 기차 안에서 파는 도시락도 먹고 창밖도 구경하다 보니 생각보다 금방 도착했다. 고쿠라역에서 내린 뒤 다시 일반 열차를 타고 모지코역에서 내리는 그 순간, 우리가 타고 온 열차가 실은 타임머신이 아니었을까 싶을 정도로 눈앞에는 완전히 다른 시대가 펼쳐졌다. 세월의 때가 묻은 모지코역 간판, 은하철도 999의 열차를 꼭 빼어 닮은 까만 기차, 처음 보는 레트로 스타벅스와 옛날 느낌 그대로의 매표소와 대합실까지, 머나먼 과거 시대 속 어느 도시 같은 모습에 우리를 포함한 주위 사람들 모두 조금 흥분되어 있었다.

모지코 門司港는 1900년대 초 고베, 요코하마와 더불어 일본의 3대 항구로 번성했던 곳이다. 점차 무역항의 역할이 쇠퇴하면서 오랜 침체기에 접어들게 되지만, 기타큐슈시에서 무분별한 개발을 하지 않고 모지코에 남아있는 다이쇼 시대1912~1926의 건축물을 중심으로 도시를 재정비하는 '모지코 레트로門司港レトロ' 프로젝트를 시행한 결과 지금은 연간 200

만 명이 찾는 기타큐슈 대표 관광 도시가 되었다.

하지만 이 아름다운 모지코역보다 더 우리의 혼을 빼앗는 것이 있었으니, 몸을 가누기 힘들 정도로 거센 눈보라였다. 누가 후쿠오카를 따뜻한 지역이라 했던가. 한국은 더 추울 테니 지금 후쿠오카에 있는 것을 오히려 감사해야 하는 것일까. 아무리 그렇다 해도 바람이 너무 세서 도저히 밖에 나갈 수 없을 정도였다. 결국 날씨가 잠잠해질 때까지 야끼카레燒きカレー를 먹으며 기다려 보기로 했다. 마침 모지코역 바로 앞 건물에 커리 혼포 모지코 레트로점伽哩本舖門司港レトロ店이 있었다.

커리 혼포 모지코 레트로점

야끼카레는 굽다의 '燒き'에 카레의 'カレー'가 결합한 '구운 카레'라는 뜻이다. 앞에서 언급했지만 일본의 3대 항구도시로서 번영했던 모지코는 자연스럽게 서양 문물을 가장 먼저 받아들이게 되었는데 이 영향으로 당시에 모지코에는 양식 전문 레스토랑이 많이 생겨났다고 한다. 그중 한 가게가 팔고 남은 카레를 어떻게 처리할지 고민하다가 카레 위에 달걀을 올리고 치즈를 올려 그라탱처럼 만들어 먹었던 것이 모지코의 소울 푸드, 야끼카레의 시작이었다.

커리 혼포 모지코 레트로
점 가게 안으로 들어가니
한쪽 벽면을 차지한 통유
리창 너머로 보이는 간몬
해협 바다와 선착장이 한
폭의 그림처럼 아름다웠
다. 따끈한 카레를 먹으며 눈 내리는 모지코의 아름다운 바다를 바라볼
수 있다니! 내가 늘 상상했던 일본의 겨울이 이곳에 있었다. 바깥 추위는
어느새 잊어버렸다. 야끼카레는 카레라이스를 한 번 더 오븐에 구워내
서 일반 카레보다 나오는 데 시간이 조금 걸리는 편이다. 하지만 기다린
만큼 훨씬 풍미가 좋고 깊은 맛을 즐길 수 있으므로 이 정도는 충분히 감
수할 만하다. 나는 비엔나 카레를 주문했는데 절대 실패 없는 비엔나소
시지, 따끈따끈한 카레의 풍미, 구운 치즈의 부드러움이 입 안 가득 퍼져
온몸과 마음이 따스하게 녹아내리는 듯했다. 이제껏 먹었던 일본 카레
요리 중 단연 최고였다.

따뜻한 야끼카레를 먹고 다시 용기를 내어 밖으로 나왔다. 하지만 눈
보라는 더욱 휘몰아칠 뿐이었다. 그렇다고 이렇게 계속 역 안에만 있을
수는 없었다. 패딩 모자를 눌러쓰고 고개를 최대한 숙이며 모지코 항으
로 나왔다.

모지코 레트로 전망대

모지코 항은 번성했던 시대를 반영하듯 품격이 느껴지는 아름다운 서

양풍 건축물이 마을 곳곳에 남아 있었다. 날씨가 좋았다면 더할 나위 없이 좋았을 텐데, 그저 아쉽기만 했다. 그때 불현듯 모지코 레트로 전망대가 생각났다. 모지코는 항구도시인 만큼 야경이 아름답기로 유명하지만, 우리는 오후에 고쿠라에 가는 일정이라 아쉽게도 야경은 볼 수가 없었다. 하지만 야경이 아름다운 곳이라면 낮도 아름다울 터! 어차피 날씨도 좋지 않고 모지코 레트로 전망대에 가서 추위를 피하기로 했다.

모지코 레트로 전망대는 규모가 작고 최신식 시설은 아니었지만, 전망대가 꼭 새 건물일 필요는 없다는 생각이 들었다. 간몬해협이 한눈에 내려다보이는 너무나 모지코스러운 전망대에서 따듯하게 몸도 녹이고 마음껏 모지코의 전망을 감상하며 평화로운 시간을 보냈다. 이렇게 모지코 레트로 타워에만 계속 있을 뻔했지만, 우리의 두려움을 깨준 것은 준희였다.

준희는 전망대에 비치되어 있던 종이 하나를 가져왔는데 도장 깨기처럼 모지코의 명소에 한곳씩 들러서 안에 비치된 도장을 찍어 완성하는 종이였다. 아이들은 소소한 성취감에 맹목적일 때가 있다. 모지코는 역시 관광 전략을 참 잘 짜는 것 같다. 준희의 소망을 이뤄주기 위해 다시 밖으로 나왔다.

세찬 바람에 온몸이 맞부딪혔지만 이번에는 꿋꿋이 모지코 레트로 주변을 돌아다니며 구 모지 세관, 구 오사카 상선, 국제우호기념관 건물에 들어갔다. 외관뿐 아니라 내부도 옛 일본 시대의 모습이 그대로 보존되어 있어서 인상적이었다. 블루 윙 모지라는 파란색의 커다란 다리에도 가보았는데, 일본에서 하나뿐인 보행자 전용 도개교跳開橋로 배가 지날

때마다 24m의 어미 다리와 14m의 새끼 다리가 물 위 60도 각도로 들어 올려진다. 라이트 업된 모지코 레트로를 블루 윙 모지 위에서 내려다보면 환상적이어서 연인들이 들리는 필수 데이트코스라고도 하는데, 역시 오늘 같은 날씨에 모지코에 온 커플은 아무도 없었다.

모지코를 한 바퀴 돌고 나니 오후 3시였다. 하지만 이미 우리는 지칠 대로 지친 상태였다. 고쿠라성만 딱 보고 돌아가기로 했다. 모지코에서 일반 열차를 타고 이동해서 고쿠라 역에 내렸다. 고쿠라는 기타큐슈의 중심지로 모지코보다 더 도시 같으면서 사람들로 북적이고 활기찬 모습이 하카타역과도 닮아 있었다.

고쿠라성과 정원

고쿠라 역에서 10여 분쯤 걸어 고쿠라성에 도착했다. 고쿠라성小倉城은 1602년에 세워진 성으로 하얗고 소박하면서도 시원한 느낌이 인상적이었고 아래층보다 위층 쪽이 튀어나온 '가라즈쿠리'라는 독특한 구조로 지어져 특유의 웅장함도 있었다. 봄에는 200그루가 넘는 벚나무가 고쿠라성 주변으로 활짝 피어 기타큐슈 최고의 벚꽃 명소로 꼽힌다고 한다. 고쿠라성 옆에는 고쿠라성 정원도 있었는데, 정원에는 들어가지 않고 입구에 마련된 전시관을 잠시 둘러보기로 했다.

전시관에는 여성 하이쿠 시인의 선구자로 불리는 스기타 히사조杉田久女와 히사조에게 사사하여 전후의 대표적인 하이쿠 시인으로 활약한 하시모토 다카코橋本多佳子의 인생과 작품을 다룬 전시가 열리고 있었다. 하이쿠란 일본의 옛 정형시를 말하는데 일본에서는 아직도 하이쿠의 명맥을 소중히 이어가고 있으며 하이쿠를 제대로 쓰는 사람을 높은 문학적 소양을 갖춘 사람으로 평가한다. 여성 작가와 하이쿠 시인을 다룬 전시는 보기 쉽지 않기에 매우 흥미롭게 이곳저곳을 둘러보았다. 여성의 인권이 높지 않았던 옛 시대에도 굴하지 않고 당당히 자신의 꿈을 펼쳤던 두 작가가 멋지게 느껴졌다.

그런데 어느 순간 현정이와 준희가 옆에서 사라진 것이 느껴졌다. 찾

아보니 전시관 뒤쪽 자리에 앉아 쉬고 있었다. 나도 따라가 자리에 앉았는데, 유리창 너머로 보이는 아름다운 정원에 시선을 빼앗겼다. 뒤로는 고쿠라성이, 마당에는 빨간색 꽃이 피어 있었고 그 위로 눈보라가 이는 모습이 일본 전통 수묵화를 그대로 자연에 옮겨 놓은 듯한 풍경이었다.

오늘 어쩌면 이 풍경을 위해 그렇게 기타큐슈에 눈보라가 불었는지도 모르겠다. 아름다운 정원을 한없이 바라보다 우연히 본 전시 팸플릿에는 하이쿠 한 수가 적혀 있었다.

かたむきし夕顔垣もそのままに
박꽃 덩굴에 기울어진 울타리도 그대로 둔 채

雪はげし書き遺すこと何ぞ多き
눈보라 몰아치고 남길 말은 어찌 많은가

수십 년 전 기타큐슈 그 어딘가에도 눈보라가 일었던 모양이다. 만난 적도 잘 알지도 못하는 여성 시인과 묘한 동질감을 느끼며 전시관을 나왔다.

혼키노야키 우동전문점 키츠네

모지코의 소울푸드가 야끼카레라면 고쿠라의 소울푸드는 야끼우동焼きうどん이다. 야끼우동은 야끼소바처럼 우동 면에 야채, 고기, 소스를 넣어 볶은 음식으로 태평양 전쟁 후 물자가 부족하던 시절에 소바를 구하기 어려워 건우동에 야채와 소스를 볶아 만들어 먹은 것이 시초라고 한다. 기타큐슈 사람들은 음식을 색다르게 구워 먹는 취향이 있는 것 같다. 급하게 고쿠라 역 주변 가게를 찾다가 평점이 좋은 가게를 하나 발견했는데, 혼키노야키우동전문점 키츠네本気の焼うどん専門店 きつね였다.

가게는 고쿠라 역에서 가까운 상점가 길목에 있었는데 강렬한 빨간 색 간판이 유독 눈에 띄는 귀여운 가게였다. 가게 안은 깔끔하면서도 야끼우동이 처음 생겼던 옛날 그 시대로 돌아간 것 같은 감성으로 가득했다. 자리에 앉자마자 주문한 야끼우동은 지글지글 달궈진 철판에 올려져 나왔고 면, 숙주, 파, 고기가 골고루 씹히면서 철판 위에서 계속 따뜻하게 먹을 수 있었다. 면은 약간 납작하면서 쫀득했고 철판에 익혀져 점점 바삭해지는 면도 별미였다. 야끼우동은 가게만의 특제 소스로 만드는데 너무 짜지 않고 달큰한 맛이어서 좋았다.

야끼우동을 먹으며 준희에게 "지금까지의 여행 중 뭐가 가장 좋았어?"

라고 물어봤다. 하루 종일 날도 너무 추웠고, 여행이라기보단 고된 행군을 한 느낌이어서 걱정되는 마음에 물어본 것이었는데 뜻밖에도 준희는 "전부 좋았어요!"라고 대답해 주었다. 눈보라가 날리는 추운 날씨는 아이에게 분명 힘들었을 것이고, 짜고 낯선 이국적인 음식은 입에 맞지 않아 불편했을 수 있다. 하지만 그저 내게 일어난 모든 것이 좋았다는 것, 여행자에게 가장 필요한 마음이 아닐까. 준희가 가르쳐준 여행자의 마음을 다시 새기며 하카타역으로 돌아갔다.

커리 혼포 모지코 레트로점 伽哩本舗門司港レトロ店
영업시간 11:00~20:00 (여름에는 21:00까지) 정기 휴무 비정기 휴무

모지코 레트로 전망대 門司港レトロ展望室
영업시간 평일 10:00~22:00 (마지막 입장 21:30) 토,일,공휴일 오전 10:00~19:00 (마지막 입장 18:30) 정기 휴무 연 4회, 비정기 휴무
이용료 성인 300엔, 초등생 · 중학생 150엔

고쿠라성과 정원 小倉城, 小倉城庭園
운영시간 4월~10월 09:00~20:00, 11월~3월 09:00~19:00 (입성은 30분 전까지) ※ 이벤트 등의 개최 상황에 따라 영업시간이 바뀔 수 있음
고쿠라성 입장료 성인 350엔, 중 · 고등학생 200엔, 초등생 100엔
고쿠라성 정원 입장료 성인 350엔, 중 · 고등학생 200엔, 초등생 100엔
고쿠라성 & 고쿠라성 정원 공동권 성인 560엔, 중 · 고등학생 320엔, 초등생 160엔

혼키노야키우동전문점 키츠네 本気の焼うどん専門店 きつね
영업시간 11:00~22:00 연중무휴

오호리 공원에서 자연을 만끽하다

앤로컬스 오호리 공원

보트하우스 오호리 공원

기타큐슈 여행에서 돌아온 뒤 몸살이 났다. 역시 어제는 너무 무리한 것 같다. 이대로 오늘 좀 쉴까 하는 생각도 들었지만, 오전에 푹 쉬고 나니 조금 괜찮아져 다시 힘을 내어 오늘 일정을 소화하기로 했다. 준희가 어떨지 걱정했는데 오전에는 힘들다고 하더니 어느새 다시 멀쩡해져 있었다. 아이들 체력의 한계가 어디까지인지 측정해 보고 싶다. 어제의 힘듦은 잠시 잊고 후쿠오카 주민들의 쉼터인 오호리 공원에서 여유로운 일요일 오후를 보내기로 했다.

앤로컬스 오호리 공원

앤로컬스 오호리 공원& LOCALS Ohorikoen은 자연적인 목조 건물과 차분한 분위기가 매력적인 카페로 오호리 공원의 아름다운 경치를 바라보며 규슈의 로컬 식재료를 사용한 식사와 디저트를 즐길 수 있는 카페다.

우리는 점심시간에 가게 되어 식사 메뉴를 먹어보기로 했고 나는 오차즈케 정식을 주문했다. 따뜻한 차에 밥을 말아 먹으면 몸의 컨디션이 불끈 살아나지 않을까 해서였다. 여행할 때 가장 두려운 일은 안 좋은 날씨도 우연히 마주친 나쁜 사람도 물건을 잃어버리는 일도 아니다. 몸이 아픈 것이다. 한 달 살기를 하

면서 잘 자고 잘 먹고 잘 쉬려고 나름대로 노력하고는 있지만, 여행과 휴식의 균형은 매우 어려운 일임을 이번 한 달 살기를 통해 여

러 번 느끼고 있었다.

앤로컬즈의 오차즈케는 일반 오차즈케가 아닌 니보고등어라는 고등어회를 올린 오차즈케였다. 니보고등어는 나가사키현의 다치바나 만에서 민어와 생멸치를 먹고 자란 고등어로 천연 먹이를 먹고 자라 비린내가 없고 감칠맛이 뛰어나다고 한다. 이번에 처음 먹어 보았는데, 들은 대로 생선 비린내가 전혀 없었고 회는 살이 적당히 기름지면서 탄력이 있었다. 특히 감귤 풍미의 특제 양념이 훌륭했다. 일본 제일의 고급차 생산지인 후쿠오카현 야메시에서 생산되는 명물 야메차八女茶를 우려낸 녹차 물도 튀지 않고 고급스러우면서 고등어회의 고소한 맛을 은은히 살려주었다. 창밖으로 보이는 아름다운 오호리 공원의 풍경까지 더해져 잊을 수 없는 점심이 되었다. 디저트 메뉴까지 먹고 가고 싶었지만, 뒤에 기다리는 사람이 너무 많아 다음을 기약했다.

보트하우스 오호리 공원

오호리 공원 중앙에는 공원 면적의 반 이상을 차지하는 거대한 연못이 있어서 '물의 공원'이라고도 불린다. 호수 옆 산책로를 걸으며 '물멍' 하기에도 좋았다. 공원에는 주말이라 그런지 유독 사람이 많았는데 벤치에 앉아 독서를 즐기는 사람, 조깅하는 사람, 반려견과 산책을 하는 사람, 길을 가로지르며 뛰어노는 아이들, 손을 잡고 데이트하는 연인 등 후쿠

오카 사람들의 평범한 일상이 오호리 공원에 모여있었다. 누구에게나 열려 있는 곳, 마음 내킬 때면 언제든 편히 쉴 수 있는 곳, 오호리 공원에서 만난 평화로운 풍경이었다.

호수를 따라 천천히 산책하다가 호수에서 탈 수 있는 백조 배를 빌렸다. 너무 오랜만에 밟아보는 배 페달이어서 처음에는 낯설게 느껴졌지만, 의외로 빨리 적응했다. 호수 위에서 보는 오호리 공원의 경치는 밖에서 보는 풍경과 전혀 달랐다. 조용히 물결치는 호수, 유유히 헤엄치는 오리와 소리 없이 하늘을 날아가는 철새들이 바로 내 옆에서 잔잔히 그리고 생생히 살아있었다. 자연을 온몸으로 느끼는 기분이었다.

오호리 공원은 원래 후쿠오카 성을 보호하기 위해 만들어졌다고 하는데 세월이 흘러 그때의 목적은 사라지고 오호리 공원에는 아름다운 평화만 남았다. 백조 배 체험이 생각보다 너무 좋아서 깊은 여운이 남았다. 직접 경험해보지 않으면 알 수 없는 것이 세상에는 너무나 많다. 무엇이든 해보고 경험해 보자고 마음속으로 다짐했다.

여행 중 잠시 여유를 느끼고 싶을 때, 모든 일정을 내려놓고 가볍게 책한 권 챙겨서 오호리 공원을 찾아보는 것은 어떨까.

오호리 공원 大濠公園

운영시간 07:00~23:00 (6월~8월은 09:00~18:00)

정기 휴무 연중무휴

입장료 무료

앤로컬스 오호리 공원 & LOCALS Ohorikoen

영업시간 09:00~18:30

정기 휴무 월요일

보트하우스 오호리 공원 ボートハウス 大濠パーク

영업시간 4월~8월 평일 11:00~18:00 주말 · 공휴일 10:00~18:00 (접수는 17:30) 9월~3월 평일 11:00~, 주말 · 공휴일 10:00~ (접수는 일몰 1시간 전까지)

입장료 오리배(소) 어른 2명 + 소인 1명 or 성인 2명 + 5살 이하 2명까지 1,110엔(30분) 오리배(대) 성인 4명 혹은 성인 3명 + 초등생 이하 2명까지 1,600엔(30분) ※ 비, 바람 등의 기상 상황에 따라 변경될 수 있음

후쿠오카의 마린월드로 다이빙!

마린월드 우미노나카미치

일본 사람들의 수족관 사랑은 유별나다. 일본은 인구와 국토 대비 수족관 수가 세계에서 제일 많은 '수족관 강국'이다. 지역마다 바다와 해양 생물을 테마로 한 수족관이 조성되어 있어서 다채로운 개성을 자랑한다. 규슈를 대표하는 수족관으로는 마린월드 우미노나카미치マリンワールド海の中道(이하 마린월드로 통일)가 있는데, 규슈 바다의 특징을 그대로 구현한 해양 전시관과 약 2만 마리의 해양 생물, 다양한 이벤트가 상시로 열려 볼거리가 가득한 곳이다. 오늘은 후쿠오카의 마린월드로 여행을 떠났다.

마린월드에 가는 날은 유독 날씨가 맑았다. 위를 올려다보면 보이는 파아란 하늘이 푸르른 바다 같았고, 하늘에 걸린 하얀 구름 따라 내 기분도 두둥실 떠올랐다. 마린월드로 향하는 JR 열차 안에는 유독 어린아이들이 많이 타고 있었는데, 말하지 않아도 향하는 목적지가 같음을 알 수 있었다. 우리를 태운 열차는 듬성듬성해진 주택가를 지나 회색 돌담이 높이 이어진 벽을 지나고, 사막같이 높이 쌓인 모래 언덕과 초록색 숲길을 통과하여 끝없는 자연으로 들어갔다. 그렇게 달리고 달려 도착한 우미노나카미치역. 세상에 이렇게 작은 역이 있구나 싶을 정도였고 역무원도 없었다. 우리를 마린월드로 안내해 주는 귀여운 해달 표지판이 가리키는 방향을 따라 앞으로 걸어갔다. 얼마 뒤 저 멀리서 이국적인 야자수와 함께 새하얀 조개껍질 형태를 본뜬 은빛으로 반짝이는 아름다운 건물이 모습을 드러냈다. 마린월드였다. 아름다운 디자인도 눈에 띄었지만, 무엇보다 내가 그동안 갔었던 수족관과는 비교가 안 될 정도로 큰 규모였다.

마린월드에 도착한 때가 오후 1시 30분쯤이었는데 전광판을 보니 2시 30분에 정어리 태풍 쇼, 3시에 돌고래 쇼가 예정되어 있었다. 쇼를 보기 전에 시간이 조금 남아서 수족관 안을 먼저 둘러보기로 했다. 마린월드는 규슈 바다 연안에 서식하는 해양생물을 만날 수 있는 '규슈의 근해'를 시작으로 '아소 물의 숲', '규슈의 외양', '규슈의 해파리', '아마미의 산호초' 등 총 10개의 전시관으로 구성되어 있다. 수조의 형태, 조명, 음향 등을 다채롭게 활용하여 신비스럽고 드라마틱하게 해양생물을 감상할 수 있게 조성해 놓았다.

특히 규슈의 외양관에는 규슈 남부의 바다를 그대로 옮겨놓은 것 같은 수심 7m, 가로 폭 24m의 거대 수조가 있어 전시관 안이 파란빛으로 가득했다. 수족관에서 만날 수 있는 가장 아름다운 장면은 분명 이 순간이다. 수조 안에는 유유히 헤엄치는 상어와 다양한 형태로 무리 지어 헤엄치는 2만여 마리의 정어리 떼가 어울리듯 어울리지 않는 그림을 그리고

있었다. 보는 내내 상어가 정어리를 먹어버리지는 않을까 조마조마했는데, 다행히도 상어에게 매시간 충분한 먹이를 주기 때문에 정어리들을 해치지 않는다고 한다. 예정된 시간이 되어 규슈의 외양관에서는 기다리던 '정어리 태풍 쇼'가 시작되었다. 직접 사육사가 수조 안에 들어가 정어리 떼 쪽으

로 먹이를 던졌고 정어리 떼는 먹이를 주는 방향에 따라 일제히 춤을 추
듯 움직였다. 정어리 떼의 환상적인 모습에 사람들 사이에서 감탄이 터
져 나왔다. 이곳저곳을 유영하는 무시무시한 상어 옆에서 화려한 군무
를 펼치는 물고기 떼가 이름 그대로 심해 속에 일어난 작은 돌풍 같았다.

정어리 떼 쇼를 한참 감상하다가 3시가 다 되어 돌고래쇼를 보기 위해
마린시어터로 이동했다. 마린시어터는 하카타만의 푸른 바다를 배경으
로 돌고래와 물개의 멋진 쇼를 볼 수 있는 공연장이었는데, 무대 뒤로 파
란 바다와 하늘이 경계도 없이 하나가 되어 펼쳐져 있었다. 세상에 이렇
게 자연적이고 아름다운 무대가 있을까. 아니, 아마도 없을 것이다. 우미
노나카미치海の中道, 바다 가운데 길 라는 이름처럼 규슈 바다 한 가운데에 길
이 나 있었다.

3시가 되자 돌고래 쇼가 시작되었다. 관중석을 가득 메운 아이들의 환
호 소리가 온 세상에 울렸다. 돌고래가 음악에 맞춰 강약 강약, 물 위로

작게 튀어 오르다가 크게 뛰어오
르고 돌고래가 물 위로 떨어질 때
마다 물보라가 일어서 앞자리에
앉은 가족이 물벼락을 맞아 모두
가 깜짝 놀라며 웃음을 참느라 힘
들었다.

쇼가 꽤 긴 시간 진행되었는데
도 화려한 돌고래들의 묘기와 뒤
로 펼쳐진 아름다운 자연에 힐링

했던 시간이었다. 돌고래 쇼 관람을 마치고 나오는 길이 그렇게 섭섭할 수 없었다.

솔직히 고백하자면 그동안 왜 일본 사람들이 그렇게 수족관을 좋아하는지 이해할 수 없었다. 일본 친구에게 이끌려 수족관을 몇 번 가긴 했지만, 그때마다 나 홀로 속으로 시큰둥하기도 했다. 수족관은 나에게 어린 시절에만 좋아했던 추억의 장소 그 이상도 이하도 아니었다. 하지만 이번에 마린월드를 가며 그 생각이 조금은 바뀌었다. 내가 사는 세상을 떠나 또 다른 세계를 느끼고 자연에 힐링하는 시간, 잠시 도시를 떠나 규슈의 바다를 만끽할 수 있는 공간이었다. 집으로 돌아가는 전철 안에서 마린월드의 팸플릿에 쓰인 글을 읽고 또 읽으며 오늘 하루의 감동을 되새겼다.

언제나 멋진 사람은 자신을 기쁘게 할 줄 아는 사람

마음이 시들지 않도록

적절히 물을 줄 수 있는 사람

수첩의 공백을 일부러 채워 넣거나 하지 않고

일상과 일상 속 틈새를 소중히 여기면서

때로는 마음 가는 대로 자유롭게 행동하고

때로는 다른 세계로 다이빙한다.

규슈의 바다를 만남으로써 자연스럽게 자연에 힐링 되는 체험을.

- 마린월드 팸플릿 中

마린월드 우미노나카미치 マリンワールド海の中道

영업시간 09:30~17:30 (최종입장 16:30) (영업시간은 시기에 따라 조금씩

다름)

정기 휴무 **2월 첫째 월요일과 그다음날 연속 이틀간**

입장료 성인 2,500엔, 65세 이상 2,200엔, 초등생 · 중학생 1,200엔, 3세

이상 유아 700엔

나가사키 랜턴 페스티벌

커비 카페 하카타
나가사키 신치 중화가
메가네바시
하마마치 아케이드

여행을 떠나면 여행지에서의 내 시간만 멈춰버린 느낌이 들 때가 있다. 후쿠오카에 온 지 벌써 2주가 다 되어가는데, 내 시간은 아직도 처음 후쿠오카에 도착했던 그 순간에 멈춰있다. 매일, 매시간에 집중하면서 새로운 순간들을 마음에 새겨가는 과정에 집중하기 때문일 것이다. 하지만 내 마음과는 달리 현실의 시간은 흐르고 흘러 어느새 현정이가 한국으로 돌아갈 날이 다가왔다. 마지막 식사로 저번에 예약이 다 차서 가지 못했던 커비 카페 하카타KIRBY CAFÉ HAKATA에 가기로 했다.

커비는 〈별의 커비〉라는 인기 게임 시리즈의 캐릭터로 요즘 아이들 사이에서 매우 인기라고 한다. 나는 커비 카페에서 커비를 처음 봤는데, 어딘가로 툭툭 튀어 다닐 것 같은 귀여운 얼굴이었다.

커비 카페 하카타

커비 카페 내부는 마치 게임 속 어느 장면을 그대로 재현한 듯한, 귀여움과 아기자기함의 최대치를 끌어내 꾸며 놓은 공간이었다. 인테리어뿐 아니라 별의 커비에 등장하는 캐릭터로 만든 요리, 디저트, 음료 등을 판매하고 있었는데 메뉴판을 살펴보니 놀랍게도 이미 몇몇 메뉴가 품절이었다. 점심시간 전에 왔는데도 메뉴가 품절이라니?! 심지어 현정이와 준희가 먹어보고 싶어 하던 메뉴만 딱 품절이었다. 역시 다들 보는 눈은 비슷비슷한

가 보다. 어쩔 수 없이 남은 메뉴 중 샐러드 1개, 식사 메뉴 2개, 디저트 3개를 주문했다.

음식들 역시 전부 너무 귀엽고 앙증맞아서 먹기 아까울 정도였다. 색도 알록달록하고 캐릭터의 특징을 그대로 살린 디테일이 앙증맞았다. 하지만, 보기와 달리 맛은 실망스러웠다. 인스턴트 음식을 전자레인지에 돌려서 내준 것 같은 퀄리티였다. 게다가 겨우 몇 가지 시켰을 뿐인데 가격이 8만 원이 훌쩍 넘을 만큼 비쌌다. 아이를 위해서가 아니라면 절대 올 일 없겠다고 생각하며 우연히 뒤쪽 테이블을 쳐다봤는데, 행복한 얼굴로 데이트를 하는 두 젊은 남녀가 보였다. 커비 카페에서 성인 남녀가 데이트라니! 어릴 때부터 자국의 수많은 애니메이션을 보며 성장하는 일본 사람들에게 애니메이션과 캐릭터는 모두가 같이 공유하는 추억이자 문화며 곧 인생이다.

커비 카페를 나와 캐널시티에서 한 번 더 분수 쇼를 보고 쇼핑몰 이곳 저곳을 구경하다가 하카타역에서 현정이와 헤어졌다. 나는 바로 호텔로 돌아가 간단히 짐을 싸고 다시 하카타역으로 향했다. 사실 오늘은 오후부터 다른 일정이 있다. 나가사키에 간다. 그것도 혼자가 아니라 후쿠오카에 사는 일본인 가족과 함께다. 친한 지인의 소개로 후쿠오카에 사는 아사코 언니를 알게 되었다. 연락처를 주고받고 조만간 보자고 메시지를 나눴는데, 그저께 언니에게서 한 통의 메시지가 왔다. 3년 만에 열리는 나가사키 랜턴 축제에 가족 여행을 갈 예정인데, 같이 가지 않겠냐는 제안이었다. 1박 2일 일정이고 후쿠오카에서 나가사키까지 이동할 때 드는 신칸센과 호텔 비용은 전부 대주겠다고 하셨다.

이렇게 갑자기 나가사키라니?! 심지어 나는 아직 아사코 언니를 만난 적도 없다. 여러 생각이 들고 걱정도 되었는데, 이상한 사람 아니니 안심하라며 갑자기 가족사진 한 장을 보내줬다. '참 재밌는 분이네!'라는 생각이 들면서도 단란하고 행복한 가족, 언니의 밝은 성격이 그대로 느껴지는 사진을 보고 그 어떤 의심도 걱정도 말끔히 사라졌다. 사실 여행 당일 전까지만 해도 정말 여행을 가는 것인지 믿기지 않았다. 너무 꿈같은 일이고 누군가가 갑자기 감기에 걸릴 수도 있고, 언니 가족이 급한 다른 일정이 생겨서 취소될 수도 있었다. 실망할까 일부러 기대를 안 하고 있었는데 어제 늦은 저녁에 내 신칸센 티켓을 찍은 사진을 보내주며 내일 만나는 것을 기대하고 있다는 문자가 왔다. 정말 가는구나! 나가사키에!

언니는 후쿠오카현 남서부 도시 구루메久留米에 살고 있어서 구루메와 하카타의 중간 지점인 신토스新鳥栖역에서 만나기로 했다. 신토스까지는 신칸센을 타고 이동해야 했다. 후쿠오카에 와서 신칸센을 타는 것은 이번이 처음이다. 두근거리면서도 초행길이라 긴장도 되었다. 하카타역에서 끊은 티켓 시각은 오후 3시 10분. 늦을까 걱정되어 미리 가 있었는데 이상하게도 2시 30분이 넘어도 시각표에 내가 탈 기차가 보이지 않았다. 급한 마음에 신토스 역을 통과하는 2시 40분 기차를 우선 타버렸다. 하카타에서 신토스역까지는 한 정거장이었는데도 신칸센으로 10분이나 걸렸다. 미리 가서 카페라도 앉아있자고 생각했는데 신토스 역에 내린 뒤 내 생각이 완전히 잘못되었음을 깨달았다. 신토스 역 주변은 주차장 말고는 아무것도 없는, 그냥 시골 마을이었다. 후쿠오카는 조금만 중심가와 떨어져도 허허벌판 논과 밭이 나온다. 카페를 찾아 역 주위를 둘러보다가 포기하고 역 대합실에 앉았다. 외지에 홀로 덩그러니 떨어졌고 할 일도 없어졌지만, 오히려 이 상황이 즐겁게 느껴졌다.

얼마 뒤 대합실 건너편에서 남자아이, 여자아이와 함께 서 있는 한 여성 분과 눈이 마주쳤다. 서로가 단번에 알아볼 수 있었다. 아사코 언니였다. 사진에서 본대로 전형적인 일본 미인에 웃는 얼굴이 너무나 예뻤다. 남자아이는 7살 에이토, 여자아이는 3살 리리코였다. 두 아이는 처음 본 나에게 눈을 동그랗게 뜨고 이름이 뭐냐고 물어보고 손을 잡아주고 가장 좋아하는 사이다 맛 캔디를 선물로 주었다. 이제 막 여행이 시작되었지만, 왠지 너무나 행복한 여행이 될 것 같은 느낌이 들었다.

나가사키로 가려면 신토스 역에서 다시 신칸센을 타고 다케오 온천까지 이동한 뒤 새로 개통한 다케오 온천~나가사키행 신칸센으로 갈아타야 했다. 신칸센 안에서 잠시 언니와 여러 이야기를 나누었다. 언니는 이번 나가사키 여행이 나에게 혹시 무리한 제안이 아니었을지 걱정했다고 말해주는 배려심 깊은 사람이었다. 한국을 좋아해서 예전에 한국 대학교에 연수를 간 적도 있고 한국어도 공부했다고 한다. 무엇보다 한국 음식을 좋아하는데 가장 좋아하는 음식이 감자탕과 오징어볶음이라고 했다. 갑자기 나온 너무 한국적인 음식에 서로 웃음이 터졌다.

처음 만난 언니를 조금씩 알아가며 도착한 나가사키. 3년 만에 다시 열리는 랜턴 축제로 도시 전체는 축제 분위기였고 사람도 정말 많았다. 택시를 타고 신치 중화가에서 가까운 칸데오 호텔로 이동했는데, 택시 안에서 본 나가사키는 마치 일본이 아닌 다른 나라에 온 것처럼 이국적이었다. 길 위를 달리는 노면 전차, 하늘을 수놓은 빨간 전등, 동양과 서양이 묘하게 섞인 건물을 보며 얼른 밖에 나가고 싶어서 몸이 근질거렸다. 그 마음을 언니가 알아준 걸까. 호텔에 도착하여 체크인을 마치고 객실 카드키를 건네주면서 아이들과 방에서 좀 쉬고 있을 테니 나가서 밖을 둘러보고 오라고 해주었다.

나가사키 신치 중화가

언니와 아이들이 쉬고 있는 동안 호텔 앞 신치 중화가로 나갔다. 나가사키 랜턴 축제는 나가사키 신치 차이나타운 주민들이 중국의 춘절을 축하하기 위한 행사로 시작했는데 규모가 점차 커지면서 나가사키의 겨울 연례행사로 자리 잡았다. 축제가 열리는 기간에는 약 1만 5천 개의 랜턴이 시내 중심부에 장식되고 평균 100만 명의 인파가 몰린다. 일주일 전, 나가사키 여행이 결정되기 전에 호텔에서 우연히 한 일본인 여학생과 이야기를 나눈 적이 있는데, 그 아이도 마침 나가사키 출신이었다. 나가사키에 갈 예정인데 좋은 곳 있으면 추천해달라고 했더니 2월 초에 랜턴 축제가 열리는데 정말 아름답다며 꼭 그때 나가사키에 와주었으면 좋겠다고 했다. 나가사키 출신인 사람의 자부심 같은 것도 느껴졌다. 어떤 축제일까 막연히 궁금했는데 믿기지 않는 우연으로 그 랜턴 축제에 지금 내가 와 있었다.

요코하마, 고베와 함께 일본 3대 차이나타운으로 불리는 나가사키 신치 중화가는 거리를 온통 수놓은 빨간 등과 함께 축제를 즐기는 사람들

로 북적였다. 거리 양옆으로 중국 본토 느낌의 중국 음식점이 수도 없이 늘어서 있었고, 가게 안은 빈자리 없이 빽빽이 사람들로 가득 차 있었다. 거리의 사람들은 한 손에 길거리 음식을 들고 먹으며 화려한 축제를 즐겼다. 일본 사람들은 보통 길에서 음식을 잘 먹지 않는데, 유일하게 축제에서만큼은 허용된다. 축제는 모든 규칙의 예외를 만든다.

신와루

한참을 걷다가 핸드폰을 보니 마침 언니에게 저녁을 먹지 않겠냐는 연락이 왔다. 아사코 언니와 합류한 뒤 신치 중화가에서 식사할 만한 곳을 찾아다녔다. 어느 가게나 다 사람들이 너무 많아서 여기저기 헤매다가 신와루新和樓라는 오래된 중국집에 들어갔는데, 나중에 알고 보니 1928년에 창업한 신지 차이나타운에서 가장 역사가 깊은 중국 음식점이었다.

언니는 나가사키에 왔으니 나가사키 짬뽕을 먹어야 한다며 나가사키 짬뽕과 칠리새우, 청경채 볶음, 탕수육, 볶음밥, 소룡포 등 여러 요리를 주문해 주었다. 일본에서 중국 음식을 먹는 것은 요코하마의 차이나타운을 간 뒤로 정말 오랜만이었다. 아무리 그래도 요코하마보다 맛있겠어? 라는 생각을 했는데 나의 큰 착각이었다. 요코하마에서 먹었던 중국 음식보다 몇 배는 더 맛있었다. 한국의 중국 음식과는 또 다른 중국 본토 요리에 가까운 맛이면서도 적당히 고소하며 느끼하지 않고 고급스럽게 맛있었다. 음식이 다 너무 맛있어서 첫 만남에 체면도 안 차리고 정신없이 먹었다. 신와루의 음식 사진 한 장 남기지 못한 것이 지금도 후회막심이다.

배가 조금 든든해진 뒤 언니와 못다 한 이야기를 나누었다. 언니는 나와 공통점이 많아서 대화가 정말 잘 통했다. 둘 다 일본 작가 다자이 오사무太宰治를 좋아하고 기독교 신자였다. 일본과 한국에서도 다자이 오사무를 좋아한다고 말할 수 있는 사람은 매우 드물뿐더러 일본은 기독교 인구 비율이 1%도 되지 않는다. 더욱더 언니와의 만남이 각별하게 느껴졌다. 한창 이야기를 나누는데 언니의 남편인 다나카 상이 도착했다. 다나카 상과 간단히 인사를 나누고 다 같이 저녁 열기로 한껏 고조된 축제를 즐기기 위해 밖으로 나갔다.

우리의 여행 방식은 단순했다. 다나카 상이 지도를 보며 안내해 주고 우리는 뒤따르며 이곳저곳을 구경하는 방식이었다. 깜깜한 밤을 수놓은 빨간색, 주홍색 등 일일이 열거하기도 힘든 형형색색의 등과 12간지를 모티브로 한 거대 오브제로 나카사키는 온 세상이 여러 색으로 반짝였다. 거리에는 중국어도 많이 들려서 대만의 한 거리에 와있는 것 같은 착각도 들었다. 강가를 가득 채운 불빛들, 건물을 비치는 불빛들도 합세하여 어두운 밤을 비추니 나가사키를 왜 '빛의 도시'라고 부르는지 알 수 있었다.

메가네바시

나가사키 곳곳에 있는 강 위에도 알록달록 화려한 홍등이 떠 있었는데 홍등 사이로 메가네바시가 보였다. 메가네바시는 물에 비친 다리의 모습이 마치 안경(메가네) 같다고 하여 '안경다리'라는 이름이 붙여진 돌다리로 1634년에 건립된 일본에서 가장 오래된 아치 형태의 석조 다리다. 나

가사키를 상징하는 다리이
자 일본의 중요문화재로도
지정되어 있다.

　메가네바시를 더욱 가까
이에서 보기 위해 아래쪽
강가로 내려갔는데, 에이

토가 하트 모양 돌이 있다며 벽 쪽을 가리켰다. 이 하트모양의 돌을 만지
면 사랑이 이루어진다는 속설이 있어서 메가네바시에 오면 모두가 열심
히 찾아다니는 메가네바시의 심볼이다. 옅은 불빛밖에 보이지 않는 캄
캄한 밤에 에이토가 이 돌을 찾은 것이다. 에이토는 나처럼 나가사키에
관심이 많지도 않을뿐더러 인터넷으로 메가네바시를 찾아보지도 않았
을 텐데 어떻게 하트 돌을 찾은 것인지 놀랍기만 했다. 에이토는 내 놀라
움은 전혀 눈치채지 못한 채 축제 분위기에 한껏 신이 난 듯 메가네바시
돌다리를 개구리보다 더 빠르게 뛰어다녔다.

하마마치 아케이드

이번에는 하마마치 아케이드로 들어갔다. 하마마치 아케이드는 나가사키에서 가장 번화한 거리로 다양한 쇼핑 숍과 브랜드 숍, 레스토랑, 카페 등 700여 개의 점포가 밀집한 나가사키 쇼핑의 중심지다. 너무 늦은 시간이라 상점은 거의 다 문을 닫은 상태였지만, 곳곳에 설치된 랜턴 축제의 조형물을 감상하는 것만으로도 충분히 멋있었다. 저녁 10시가 되자 아케이드에 축제가 끝났음을 알리는 듯한 음악이 흘렀고 그제야 우리도 호텔로 돌아왔다.

몸은 피곤했지만, 축제의 여운은 잠들기 전까지 계속 남아있었다. 내가 나가사키에 와 있다는 사실이 꿈만 같았다. 내일은 또 나가사키의 어떤 모습을 보게 될지 기대하는 마음으로 잠이 들었다.

커비 카페 하카타 KIRBY CAFÉ HAKATA

영업시간 11:00~22:00 (L.O 21:00), 금·토 11:00~23:00 (L.O 22:00)

※상황에 따라 영업시간이 변경될 수 있음, 미리 홈페이지에서 예약 필수,

전화 예약 불가, 이용 85분제

나가사키 신치 중화가 長崎新地中華街

운영시간 10:00~21:00 (매장 운영 상황에 따라 다름)

신와루 新和樓

영업시간 11:00~15:00, 17:00~21:00 (L.O 20:00) 비정기 휴무

하마마치 아케이드 浜町アーケード

영업시간 10:30~20:00 (매장 운영 상황에 따라 다름)

칸데오 호텔 나가사키 신치 중화가 カンデオホテル長崎新地中華街

주소 나가사키 도자마치 3-12

체크인 15:00~05:00 체크아웃 11:00 이전

평화를 그리는 땅 나가사키

데지마, 사카모토야
구라바엔, 오우라 천주당
지유테이, 마키노 우동
구루메 온천

잠자리가 바뀌면 언제나 잠을 못 자고 뒤척이는데 나가사키에서는 한 번도 깨지 않고 푹 잤다. 눈을 떠서 시간을 보니 오전 7시였다. 일어나자 마자 커튼을 젖혔다. 굽이진 산 밑으로 후쿠오카의 건물보다 더 작은 건물들이 모여 마을을 이루고 있었다. 나가사키에 온 지 딱 하루밖에 안 되었는데도 정겹게 느껴지는 이유는 왜일까? 어딘지 모르게 후쿠오카와 닮아서일까?

아사코 언니 가족과 로비에서 합류했다. 어제 언니에게 구라바엔과 오우라 천주당을 가보고 싶다고 얘기했었는데 언니는 그 말을 기억해 주고 바로 구라바엔을 가보자고 했다. 에이토가 타보고 싶다고 하여 노면전차를 타고 이동하기로 했다. 나가사키의 노면전차는 에이토만 타고 싶었던 것은 아니다. 나도 너무나 타고 싶었다.

호텔에서 나와 역까지 이동하는데 어제와는 사뭇 다른 분위기였다. 축제의 흔적은 남아있었지만, 어제와 같은 뜨거운 활기는 없었고 그 많던 사람들도 다 어디를 갔는지 길은 텅텅 비어있었다. 축제가 끝나고 난 뒤의 허무함, 공허함 같은 감정을 느끼며 버스정류장으로 걸어 갔다. 노면전차 정거 장은 아주 작았고 마 을을 가로지르는 노 선이어서인지 길 중

앙 한복판에 정거장이 있었다. 기다린 지 얼마 되지 않아 바로 노면전차가 정류장으로 들어왔다.

노면전차 내부는 한국이나 일본의 일반 버스보다 더 작고 아담해서 교통수단이라기보다는 드라마 세트장에서나 쓰는 모형 전차를 타고 있는 느낌이었다. 우리에게는 낯선 이 작고 특별한 전차를 아무렇지 않은 표정으로 타고 있는 나가사키 사람들을 보며 드라마가 아닌 현실임을 알 수 있었다. 신이 나서 창밖을 보는데, 우리의 가이드 역할을 해주시던 다나카 상이 당황하기 시작했다. 알고 보니 반대 방향 차를 타버린 것이다. 다나카 상도 초행길이고 노면 전차가 익숙지 않아서 헷갈린 것이다. 다나카 상은 웃으며 이왕 이렇게 된 것 다음 역인 데지마를 먼저 보고 가자고 하셨다.

데지마

1636년에 지어진 데지마出島는 일본에서 최초로 개항한 도시인 나가사키에서도 가장 먼저 서양과 교류를 한 창구이자 200여 년간 일본에서 유일하게 서양을 향해 열려 있던 무역항이었다. 1600년대 초, 규슈 지역에는 천주교 신자가 40만 명에 육박했는데 이는 당시 에도 막부의 존립에 큰 위협으로 여겨졌다. 하느님 앞에서 평등을 설파하는 기독교 교리는 일본의 봉건적 신분제를 부정하는 것이었기 때문이다. 우리나라가 조선

시대 때 천주교를 박해했던 이유와도 똑같다. 에도 막부의 초대 쇼군이었던 도쿠가와 이에야스는 1612년에 천주교 금교령을 내리고 천주당 파괴, 선교사 추방, 신자의 개종을 강요하고 이를 주저한 신자는 가차 없이 처벌했다. 그리고 여기저기 흩어져 살던 포르투갈인을 일본인과 분리해 한 곳에 수용하기 위해 데지마라는 거주지를 건설했다.

포르투갈인들은 데지마에서 생활하다 후에 추방당했고, 그 자리에 기독교 전파에 적극적이지 않았던 네덜란드 상인들이 이전해 살면서 데지마는 일본에서 유일한, 유럽을 상대로 한 무역 중심지로 성장하게 되었다. 그 후 나가사키 항만 계획에 따라 데지마는 완전히 매몰되었지만, 1996년 데지마 복원 정비 사업이 진행되어 현재의 모습까지 복원되었고 지금도 공사는 진행 중이다.

데지마는 독특한 부채꼴 모양의 섬이라는 점, 에도 시대 때 데지마에

서 서양인들이 사용했던 서양식 건물과 일본식 생활 양식이 섞인 독특한 가옥 및 역사적 구조물을 볼 수 있다는 점으로 나가사키의 인기 관광지가 되었다. 데지마 관광 코스는 순서가 정해져 있지는 않고 자유롭게 건물을 드나들며 감상하는 방식이었다. 당시 네덜란드 사람들이 실제로 살았던 가옥에 들어갔는데, 몇백 년 전이라고는 생각할 수 없을 정도로 내부 장식이 굉장히 화려했다. 무역업을 하는 사람들이었으니 생활이 매우 여유로웠던 모양이다. 화려한 양식이 돋보이는 서양식 인테리어와 단아하면서도 차분한 일본식이 묘하게 어우러져 독특한 분위기를 연출했다.

다른 건물에는 설탕을 포대로 천장까지 잔뜩 쌓아 놓은 '설탕 창고'를 재현해 놓은 곳도 있었는데, 당시 네덜란드와의 무역으로 설탕이 대량 수입되었던 것을 기념하여 전시해 놓은 것이라고 한다. 설탕은 일본에도 시대1603~1868 때 나가사키를 통해 수입되었는데 설탕을 일찍이

접한 나가사키 사람들은 설탕을 넣어 음식을 만들기 시작했고 이런 이유로 나가사키의 전통 음식은 대체로 단 편이며 우리가 잘 아는 카스텔라를 비롯한 설탕을 사용한 과자가 많이 탄생하게 되었다고 한다.

일본이면서 일본이 아니었던 유일한 곳, 17세기에 무역으로 나가사키는 물론 일본 근대화에 큰 영향을 주었던 데지마. 우연히 오게 된 작은 인공섬이었지만 그 시대적 역할은 절대 작지 않음을 알 수 있었다.

사카모토야

점심으로 다나카 상이 나가사키 향토 요리 싯포쿠 요리점을 예약해 주셔서 가게 되었다. 싯포쿠 요리란 나가사키 지역의 연회 상차림으로 '나가사키 요리'라고도 불린다. 일본 어느 곳보다 서양과 교류가 많았던 나가사키에서는 전통적인 일본 요리에 외국 요리를 혼합한 새로운 형태의 요리가 발전하였는데, 그중 싯포쿠 요리는 일본의 가이세키 요리와 비슷하면서도 둥근 식탁에 둘러앉아 그릇에 담긴 요리를 나누어 먹는 중국식 상차림을 따른다. 이제껏 한 번도 싯포쿠 요리에 대해 들어본 적이 없어

서 생소했는데 언니네 가족도 처음이라고 했다. 일본인도 쉽게 접할 수 없는 나가사키 전통 요리를 나에게 보여주려고 일부러 준비해 주셨다는 사실을 알기에 이런 대접을 받아도 되는지 그저 감사하기만 했다.

시카모토야坂本屋는 1894년에 시작되어 130여 년 동안 4대가 명맥을 이어온 싯포쿠 요리 명가로 외관부터 품격이 느껴졌다. 기모노를 입은 직원이 문 앞까지 인사를 나와 우리를 안내해 주셨다. 룸으로 안내를 받았는데 음식이 동그란 원탁 위에 정갈하게 차려져 있었다. 직원의 안내에 따라 가장 먼저 내 앞에 놓여 있는 스이모노라는 맑은국을 먹어 보았다. 빨간 그릇에 파스텔 톤 모찌의 아름다운 조화만큼 단아한 맛이 났다. 신선한 생선회는 물론 단맛이 매력적인 검정콩 조림, 싯포쿠 요리에 꼭 나온다는 나가사키 명물 중국식 고기 조림 부타가쿠니 등 모든 음식이 나가사키처럼 온화하면서도 이국적이었다. 데지마를 보고 와서인지 싯포쿠 요리 맛이 더욱 깊고 진하게 다가왔다. 나가사키의 이국적이며 오묘한 맛을 열심히 음미했다.

구라바엔

맛있는 식사를 마치고 이번에는 정말로 구라바엔グラバー園, 글로버 가든으로 향했다. 노면전차를 타고 구라바엔에 도착하여 매표소에서 표를 끊고 안으로 들어갔는데, 경사진 언덕에 사선으로 설치된 엘리베이터가 나왔다. 경사가 꽤나 가팔라서 마치 놀이기구를 보는 느낌이었다. 실제로 엘리베이터 각도는 45도나 된다고 한다. 언니의 말에 의하면 나가사키는 산과 언덕이 많아 나가사키 사람들은 자전거를 타지 않는다고 한다. 자

전거를 타지 않는 일본인이라니?! 그러고 보니 나가사키에 온 뒤로 이제
껏 자전거를 탄 사람을 한 번도 본 적이 없다는 사실을 깨달았다. 이 이
야기만으로도 왜 이런 형태의 엘리베이터가 탄생했는지 어느 정도 짐작
할 수 있었다.

엘리베이터를 타고 위로 올라가니 말로 표현할 수 없이 아름다운 나가
사키 항의 전망이 펼쳐졌다. 나가사키를 돌아다닐 때는 못 느꼈는데 이
곳에 오고서야 다시 한번 나가사키가 아름다운 항구 도시임을 알 수 있
었다. 그리고 조금 더 언덕 위로 올라가니 우리가 찾아 헤매던 구라바엔
이 나왔다. 나가사키 항이 서양을 향해 완전히 개방된 뒤 일본에는 데지
마 외에도 외국인이 머물 주거지가 필요하게 되었다. 이때 나가사키에
들어온 외국 상인들이 나가사키 항이 내려다보이는 미나미야마테 언덕
을 중심으로 서양식 저택을 지어서 모여 살게 되었고 구라바엔은 이렇게

지어진 서양식 건축물들을 보존하기 위해 구 구라바 저택을 중심으로 조성된 공원이다.

저택 중 가장 하이라이트는 단연 영국 상인 글로버가 살았던 구 구라바 저택이다. 1863년 지어졌으며 일본에서 가장 오래된 목조 서양식 건물로 푸치니의 오페라 '나비부인'의 배경이 되었을 정도로 건물과 정원이 아름답다. 어제 랜턴 축제 때는 대만에 온 것 같았는데, 오늘 구라바엔의 건물들을 보니 꼭 유럽에 온 것 같다. 나가사키는 작은 도시 안에 다양한 모습을 지니고 있었다.

지유테이

잠시 휴식도 취할 겸 구라바엔 내에 있는 카페 지유테이自由停로 갔다. 지유테이 또한 매우 긴 역사가 있는 곳으로 일본인 쉐프가 만든 첫 서양식 식당이라고 한다. 지어질 당시에는 나가사키 최고의 레스토랑으로 번창하면서 전 미국 대통령을 비롯한 각국의 VIP가 다녀갔다고 하는데, 현재는 일반 카페로 운영되고 있었다.

나가사키 카스텔라를 주문했는데, 처음 먹는 나가사키 카스텔라는 맛

이 진하고 쫀득하면서 카스텔라 바닥에 붙어있는 굵은 설탕 알갱이를 먹어도 너무 달지 않았다. 창 너머로 보이는 구라바엔과 나가사키 항의 아름다운 경치도 절경이

었다. 왜 유럽 사람들이 이 높은 곳까지 와서 집을 지었는지 지유테이에 앉아있으니 그 이유를 알 수 있었다. 좋은 사람들, 아름다운 경치, 달달한 디저트. 이보다 더 큰 행복이 있을까.

오우라 천주당

카페에서 나와 마지막으로 오우라 천주당으로 향했다. 1597년 나가사키에서 순교한 성인들을 기리기 위하여 1864년에 프랑스 선교사가 지은, 일본 천주교 역사에 있어서 굉장히 중요한 의미를 지닌 곳이다. 일본에서 가장 오래된 목조 성당이며 유네스코 세계 문화유산으로 지정되었다. 고딕과 바로크 양식이 혼합된 오우라 천주당은 마치 한 폭의 유럽 풍경화를 보는 것 같았다. 이 아름다운 모습 뒤에 순교라는 슬픈 역사가 숨겨져 있다니…. 보는 내내 마음이 서글퍼지기도 했다.

고요한 성당 안에는 많은 사람들이 엄숙히 기도를 드리고 있었다. 우리도 성당에 앉아 간단히 순교자들을 추모하는 기도를 드리고 오우라 천주당 오른쪽 옆 건물인 오우라 성당 크리스천 박물관으로 갔다. 일본 가톨릭의 역사를 총망라한 박물관으로 26명의 순교자를 기리기 위해 조성된 곳이다.

당시 26명의 순교자 중에는 12살, 13살 된 어린아이들도 포함되어 있었을 정도로 박해가 잔혹하고 끔찍했다고 하는데, 이 순교자들로 인해 많은 사람이 큰 감동을 받고 천주교를 믿게 되었다고 하니 다행히도 그들의 희생이 의미가 없었던 것은 아니다.

나가사키는 단순히 예쁘고 이국적인 도시라고 생각했는데 이곳에 와 보니 참 많은 생각이 들었다. 나는 나라를 잃은 적도 종교 때문에 목숨을 건 적도 원자폭탄이나 전쟁을 겪은 적도 없다. 너무나도 아름다운 도시에서 당연하게 여겼던 평화의 의미를 되새긴다는 것은 오래전의 비극이 과거에서 끝난 '사건'이 아닌 현재의 우리 세대에게도 계속 이어지고 있는 '역사'이기 때문일 것이다.

노면전차를 타고 다시 칸데오 호텔로 돌아와 신토스로 돌아가는 신칸센을 탔다. 언니가 꼭 데리고 가고 싶은 우동집이 있다고 저녁까지 같이 먹지 않겠냐고 제안해 주었고 집 근처에 구루메 온천이 있는데 피부가 정말 매끈해지는 좋은 온천이라며 혹시 괜찮다면 꼭 소개해 주고 싶다고 하셨다. 나가사키 1박 2일 여행에 초대해 주신 것도 감사한데, 하나라도 더 해주고 싶어 하는 언니의 마음이 정말 고마웠다.

마키노 우동

찐 현지인 맛집 마키노 우동은 '먹어도 먹어도 줄지 않는 마법의 우동'
으로 불리는데 후쿠오카 사람들이 가장 좋아하고 즐겨 먹는 우동이라고
한다. 마키노 우동 신토스 점은 신기하게도 차도 한복판에 있었는데, 차
를 타고 이동하다가 잠시 들러서 우동 한 그릇 후루룩 먹고 가는 시스템
인 것 같았다. 가게 안으로 들어가서 다다미가 깔린 평상 자리에 앉았다.

메뉴가 정말 많았는데 직원분께서 겨울 계절 메뉴로 김이 들어간 우동
이 향이 아주 좋다며 추천해 주셨다. 김과 달걀노른자가 들어간 하나우
동을 주문했다. 주문한 우동이 나오기도 전에 다나카 상이 고로케, 교자,
이나리스시, 고구마튀김 등 이것저것 시켜주셔서 우동을 먹기도 전에 배
가 불렀다. 하지만 내가 주문한 하나우동을 보니 안 먹을 수가 없었다.
면 위에 듬뿍 올린 김 고명 위에 생 노른자 하나가 올라가 있는 하나우동
은 색다르면서 정말 맛있었다. 언니는 고기 김치 우동을 시켰는데 우동
위에 고기와 김치가 산처럼 쌓여 있었다. 내가 웃으며 쳐다보자, 언니는
내 우동에 김치를 올려줬다. 아사코 언니는 이제 정말 친언니 같다. 마키

노 우동은 면이 정말 부드러워서 먹는 순간 면이 목뒤로 쑥 넘어갈 것 같았다. 그만큼 국물을 빨리 흡수해서 빨리 후루룩 먹어야 한다고 한다.

구루메 온천

식사를 끝내고 언니 집에 잠깐 들러서 수건을 갖고 바로 구루메 온천으로 향했다. 오늘 하루 많은 일정을 소화했고 또 시간이 너무 늦었던 때라 구루메 온천에 갈 때는 이미 정신이 없었다. 아이들은 온천에 자주 오는지 자기가 먼저 구루메 온천을 소개하고 안내해 주려고 난리였다. 매우 늦은 시간에 갔는데도 구루메 온천 안에는 사람이 정말 많아서 일본 사람들의 온천 사랑을 다시 한번 느낄 수 있었다. 일상에서도 온천욕을 즐길 수 있는 일본 사람들이 한편으로는 부럽기도 했다. 구루메 온천은 언니 말대로 잠깐 들어갔다 나왔는데도 피부가 보들보들 보드라워지는 신비한 온천물이었다. 시간이 많았다면 노천 온천까지 할 수 있었을 텐데 못하고 그냥 나왔다. 온천을 마치고 다 같이 마신 온천 우유도 잊을 수 없는 맛이었다. 언니는 구루메에서 하카타역까지 40분이나 되는 거리를 차로 데려다주셨다. 하카타역에 도착해서 언니와 또 보자고 인사를 하고 에이토에게도 인사를 하자 에이토가 내 손을 살짝 잡아주었다.

짧은 시간에 아사코 언니 가족과 정이 많이 들었다. 처음 만난 사람에게 이렇게 모든 것을 다 내어줄 수 있는 사람이 세상에 몇이나 있을까. 아사코 언니를 만나게 되어 기뻤고 후쿠오카에 오길 정말 잘했다는 생각이 들었다. 모두와 언젠가 다시 만날 것이니 너무 섭섭해하지 않기로 했다. 꼭 다시 후쿠오카에 돌아올 거니까.

데지마 出島

개관시간 08:00~21:00 (최종입장 20:40) 연중무휴 (시설 정비 이유 등으로 비정기 휴무)

입장료 성인 520엔, 고등학생 200엔, 초등생 · 중학생 100엔

사카모토야 坂本屋

영업시간 09:00~22:00 비정기 휴무

구라바엔 グラバー園

개관시간 08:00~18:00 (최종입장 17:40분까지) 연중무휴

입장료 성인 620엔, 고등학생 310엔, 초등생 · 중학생 180엔

지유테이 自由亭

영업시간 09:30~17:15 (L.O 16:45) (구라바엔 안에 위치해서 구라바엔 입장료를 내야만 입장 가능)

오우라 천주당 大浦天主堂

입장시간 08:30~18:00 (최종 입장 17:30)

입장료 성인 1,000엔, 중학생 400엔, 초등생 300엔

마키노 우동 신토스점 牧のうどん 鳥栖店

영업시간 10:00~23:00 정기 휴무 매달 셋째 주 수요일(변경 있음)

구루메 온천 湯の坂 久留米温泉

이용시간 아침 10:00~01:00 비정기 휴무 (최종 접수는 자정까지, 일요일

은 아침 07:00부터 영업)

이용요금 쇼트 스테이(3시간 이내) 성인 평일 800엔 주말 · 공휴일 880엔

| 나가사키 전망 |

| 에이토, 리리짱 |

후쿠오카에서 맞이한 일본 제일의 세츠분

구시다 신사

신슈소바 무라타

나가사키에서 꿈 같은 시간을 보내고 돌아온 하카타는 아무것도 변하지 않은 그대로였다. 여행을 끝내고 돌아온 곳이 서울이 아닌 하카타라는 점 또한 처음 느끼는 싱숭생숭한 감정이었다. 꼭 이대로 얼른 한국으로 돌아가야 할 것만 같았다. 오늘은 2월 3일, 일본의 명절 세츠분節分이다. 세츠분은 한자 그대로 읽으면 '계절을 나누는 날'이라는 뜻인데 2월 3일 전후의 세츠분은 겨울과 봄의 경계가 되는 날이자 봄의 시작을 알리는 날이다. 일본에서는 세츠분 저녁에 서로의 몸에 콩을 뿌려 귀신을 쫓고 몸을 정화하는 풍습이 있다. 모처럼 후쿠오카에서 맞는 명절이니 오늘 하루 나 혼자서라도 세츠분을 제대로 즐겨보기로 했다.

가장 먼저 편의점에 들러 에호마키惠方巻き를 사 왔다. 에호마키는 부와 행복을 상징하는 '칠복신'에서 유래하여 일곱 가지 재료를 넣고 굵게 말은 김밥으로 보통 붕장어나 장어 양념구이, 달걀말이, 표고버섯 조림

등을 넣어 만든다. 세츠분 기간이
되면 마트뿐 아니라 편의점에서도
팔아서 쉽게 구할 수 있다. 에호마
키를 샀다면 그 해 운수가 좋다고
여겨지는 방향인 '에호惠方' 쪽을
향한 상태에서 에호마키를 썰지
않고 통째로 먹어야 한다. 올해 좋
은 방향을 찾아보니 '남남동쪽'이
라고 하여 핸드폰 나침반으로 남

남동쪽을 찾아 앉았다. 크게 입을 벌려 에호마키를 입에 넣었는데 생각보다 에호마키가 너무 커서 절대 한입에 다 넣을 수 있는 크기가 아니었다. 좋은 인연이나 운세가 끊어질 수 있으니 절대 칼로 썰어 먹어서는 안된다고 하여 결국 입으로 조금씩 베어 먹었다. 에호마키는 한국의 김밥처럼 여러 재료가 들어가 있어서 맛있었고 한국의 김밥보다는 식초 맛이 더 강한 김초밥 맛이 났다. 에호마키를 맛있게 먹고 이번에는 구시다 신사로 향했다.

구시다 신사

구시다 신사는 불로장생과 부를 상징하는 하카타의 수호신을 모시는 곳이자 하카타 기온 야마카사 축제의 시작점이 될 정도로 후쿠오카 지역 주민들 마음의 구심점 역할을 하는 신사다. 하지만 한국 사람에게는 선뜻 가기 어려운 슬픔이 어려 있는 곳이기도 하다. 명성황후를 시해한 히

젠도라는 장검이 이곳에 보관되어 있기 때문이다. 일본과 한국은 너무나 가까운 나라인 만큼 가슴 아픈 역사도 돌이키고 싶지 않은 기억도 공유하고 있다. 평소라면 구시다 신사에는 가지 않았겠지만, 그럼에도 오늘 구시다 신사

를 가보고 싶었던 이유는 일본 전국에서 가장 성대한 세츠분 행사가 열리기 때문이다. 그래서일까. 원래는 한산하기만 한 기온 지역에 오전부터 정말 많은 사람이 몰렸다. 한낮의 축제가 열린 것 같았다.

구시다 신사 입구에는 일본에서 가장 크다는 오타후쿠멘이 세워져 있었다. 오타후쿠멘 입을 통과하여 신사에 들어가면 장사가 번창하고 가내가 평안해진다고 한다. 나도 한번 해보고 싶었지만, 처음에는 허리를 숙여 오타후쿠멘 입으로 들어가는 것이 창피해서 쭈뼛쭈뼛 눈치만 보았다. 하지만 나이 지긋한 어르신들이 아무렇지 않게 웃으며 안으로 들어가시는 것을 보고 용기가 나서 오타후쿠멘 안으로 허리를 숙이고 들어갔다.

오타후쿠멘을 지나면 바로 구시다 신사의 정문이 나오는데 여기에서 또 놓치고 가면 안 되는 포인트가 있다. 구시다 신사 문 위쪽에 있는 12간지를 나타낸 '에토에호반'이다. 이것이 매년 섣달그믐날에 그 해의 길한 방향을 정하는 간지력이라고 한다. 아까 내가 에호마키를 먹으며 확인했던 올해의 길한 방향도 이 에토에호반으로 정한 것이다. 안쪽에 동서남북의 방위를 표시하고 바깥쪽에는 십이지신을 배치했다. 어떻게 한

해를 이런 방식으로 맞이할 생각을 했는지 옛사람들의 발상이 놀랍기만 했다.

본격적으로 구시다 신사 안으로 들어가 세츠분 행사를 구경했다. 신사 곳곳에 놓

인 판매대에는 사람들이 모여 에호마키를 팔고 있었고 구시다 신사 본전 앞에서 정문까지는 본전에 기도를 드리기 위한 사람들로 끝이 보이지 않는 줄이 이어져 있었다. 경내 한쪽에서는 30분마다 콩과 함께 좋은 운을 불러다 주는 물품을 던지는 행사인 마메마키 행사가 열렸는데, 유명한 연예인이 왔는지 사람들이 누가 와 있다고 얘기하느라 신사 안이 더욱 시끄러워졌다. 얼굴을 보니 이름은 잘 모르지만, 나도 일본 TV에서 본 적 있는 낯익은 얼굴이었다. 유명인과 관계자로 보이는 사람들이 단 위에 서서 작은 물건들을 사람들 쪽을 향해 던졌다. 콩과 사탕 비스름한 것이었는데 뿌려지기가 무섭게 사람들이 낚아채 가서 제대로 볼 틈이 없었다. 나이 지긋한 어르신들도 물건을 받으려고 단상 위 사람들의 손만 쳐다보고 있는 모습이 웃기기도 하면서 재미있었다. 축제에는 어른도 아이도 없다. 그저 이 축제를 마음껏 즐기면 된다.

신슈소바 무라타

세츠분 행사를 마음껏 즐긴 뒤, 구시다 신사 바로 앞에 있는 신슈소바 무라타信州そば むらた로 향했다. 신슈소바 무라타는 후쿠오카의 3대 소바로 불리는 미슐랭 소바 가게로 '무라타'는 이곳의 주방장이자 일본에서 소바 장인으로 유명한 무라타 타카히사村田隆久의 이름에서 따온 것이다. 예로부터 소바로 유명한 나가노현의 옛 이름 신슈와 일본 최고 소바 장인의 만남. 어떻게 그냥 지나칠 수 있을까. 소바의 발상지인 후쿠오카에서 소바가 라멘이나 우동만큼 대중적이지 않다는 점은 매우 의아하지만, 신슈소바 무라타가 그나마 그 명맥을 이어가고 있어서 다행이었다.

가게 안은 고풍스러운 인테리어와 은은한 조명, 잔잔한 음악이 흘러나와 소바와 어울리는 차분한 분위기였다. 직원분께서 메뉴판을 주셨는데 그림 하나 없이 일본어만 잔뜩 쓰여 있었다. 소바에 대해서는 아는 것이 별로 없어서 직원분께 이것저것 여쭤봤다. 소바는 메밀의 비율이나 정제에 따라 니하치 소바, 주와리 소바, 이나카 소바 세 가지로 달라진다. 보통 메밀가루를 80% 이상 함유한 면인 니하치 소바가 가장 대중적인 소바고 신슈소바무라타에서도 역시 니하치 소바가 가장 인기가 많다고 한다. 직원분의 추천으로 니하치 소바 하나와 일본 제일이라는 극찬을 받는다는 오야코동 소小자도 주문했다.

신슈소바 무라타의 소바는 메밀의 향이 은은히 나면서 일반 소바와 달리 면이 툭툭 끊어지지 않고 쫄깃했다. 쯔유는 가츠오의 진한 향이 느껴지며 전혀 짜지 않고 산뜻한 맛이었다. 특히나 면과 쯔유의 조화가 너무 좋아서 인생을 걸고 연구하지 않았다면 나올 수 없는 맛이라는 생각이 절로 들 정도였다. 같이 주문한 오야코동은 닭고기와 달걀, 버터를 올린 덮밥이었는데 전혀 무겁지 않으면서 달걀과 닭고기의 고소한 맛과 버터의 풍미가 진했다.

소바를 다 먹으면 마지막으로 소바 삶은 물(소바유)에 쯔유를 넣어서

먹는데, 소바 삶은 물에는 여러 가지 영양소가 많아서 노화 방지, 고혈압 등에 좋다고 한다. 맛은 약간 밍밍한 숭늉 맛이다. 일본에서는 이 소바유까지 마셔야 소바를 온전히 맛보았다고 말한다. 나도 소바유를 마지막으로 한 잔 마시며 식사를 마무리했다. 소바는 찬 음식인데도 먹고 나서 속이 너무나 편안했다. 정말 좋은 소바는 먹고 난 뒤 속이 오히려 편해진다.

　에호마키, 구시다 신사, 신슈소바 무라타까지. 후쿠오카에서 세츠분을 내 나름대로 즐겨본 하루였다. 일본은 축제나 명절이 다양하기도 하고 재미있는 행사가 많아서 일본 여행을 왔을 때 여러 행사에 동참해 본다면 오랜 시간 기억에 남을 좋은 추억을 만들 수 있을 것이다.

구시다 신사 櫛田神社

입장시간 04:00~22:00

입장료 **무료**

신슈소바 무라타 信州そば むらた

영업시간 11:30~20:30

정기 휴무 **월요일**

후쿠오카에서는 모든 것이 옳다

NO COFFEE

도리카와 스이쿄우

적당한 자연풍경, 넘쳐나는 먹을거리, 느긋한 휴식과 생생한 도시가
공존하는 후쿠오카. 모든 것을 잊고 쉬기 위해 떠나든 스트레스를 해소
하기 위해 떠나든 후쿠오카는 그 어떤 시간도 가장 충실히 채울 수 있는
곳이다. 한 달 살기의 절반 이상이 지나가고 있는 이 시점에 남은 시간
뭘 해야 할지 고민했다. 답은 간단했다. 그냥 먹고 마시고 놀기! 그게 후
쿠오카에서 할 수 있는 최고의 살아보는 여행이었다.

오늘은 일본 효고현에 사는 친구 치카게가 후쿠오카에 오는 날이다.
효고현은 오사카가 있는 간사이 지역이어서 후쿠오카까지는 비행기나
신칸센을 타고 와야 할 정도로 거리가 멀다. 하지만 치카게가 당일치기
라도 나를 보러 오고 싶다고 해줘서 짧은 반나절 만남이 성사되었다.

NO COFFEE

친한 동생이 여기까지 왔으니, 후쿠오카의 힙한 동네 야쿠인藥院을 데

려가고 싶었다. 야쿠인은 '후쿠
오카 카페의 성지'로 불리는 곳
으로 카페와 디저트류를 좋아하
는 사람이라면 무조건 주목해야
하는 동네. 야쿠인의 여러 카
페 중 우리가 선택한 곳은 비주
얼 커피로 유명한 NO COFFEE
였다.

NO COFFEE에 가려면 하카타

역에서 버스를 타고 가다가 중간에 내려서 다른 버스로 갈아타야 했는데, 갈아타는 버스의 정류장을 찾을 수가 없어서 중간부터 걸어갔다. 그런데 카페가 가까워질수록 내가 상상했던 예쁜 카페 거리가 아닌 조용한 주택가만 계속 나올 뿐이었다. 낯선 주택가를 미로를 헤매듯 계속 들어가니 골목 모퉁이에 작고 아담한 카페 하나가 나왔다. 우리가 찾아 헤매던 NO COFFEE였다. 치카게의 말에 따르면 후쿠오카뿐 아니라 일본에서는 요즘 주택가 안에 예쁜 커피숍이 생기는 것이 트렌드라고 한다.

NO COFFEE는 전체적으로 검은색과 흰색이 조화를 이룬 깔끔하고 세련된 인테리어에 'Life with good coffee'를 슬로건으로 카페의 로고가 새겨진 힙한 굿즈, 티셔츠, 책 등을 판매하고 있었다. 요즘 카페는 단순히 커피를 마시고 이야기를 나누는 장소를 넘어 사람들에게 스타일과 철학을 제공하는 곳으로 바뀌어 가고 있다. 카페 안에 앉을 자리는 네 자리밖에 없었는데, 다행히 한 자리가 남아서 앉을 수 있었다. 카페의 대표메뉴인 말차 라테와 블랙 라테를 주문했는데, 에스프레소에 우유와 교토산 말차를 넣은 말차 라테는 영롱하다 못해 민트색에 가까웠고, 블랙 라테는 대나무 숯을 커피에 풀어 놓은 듯한 검은색 커피였다. 어느 카페에서도 본 적 없는 매우 독특한 색이었다. NO COFFEE가 유명해진 이유도 바로 이런 색다른 비주얼 때문이라고 한다.

커피를 마시며 치카게와 서로의 근황 이야기를 나눴다. 우리가 후쿠오카에서 만나는 날이 있으리라고는 생각조차 해본 적 없었는데 지금 이 순간이 꿈만 같았다. 대학생이었을 때는 매번 언제 여행을 갈지, 좋아하는 아이돌은 누구인지 같은 시시콜콜한 이야기만 했었는데, 어느새 둘다 30대가 되어 일에 관한 고민이나 인생의 가치관에 관한 깊이 있는 이야기를 나누게 되었다. 기쁘면서도 한편으로 시간이 너무 빨리 가는 것 같아 슬픈 마음도 들었다.

도리카와 스이쿄우

오후 늦게 카페를 나와 땅거미 지는 야쿠인 거리를 걸었다. 야쿠인의 빌딩가는 셀 수 없이 많은 오피스와 상점들로 사람들의 발길이 끊이지 않았고, 한 걸음 뒷골목으로 들어가면 세련된 카페와 귀여운 잡화점으로 단숨에 거리 분위기가 바뀌었다. 일본의 진짜 모습은 뒷골목에 있다는 말이 생각났다. 다양한 편집숍과 음식점 또한 즐비해서 질릴 틈이 없는 매력적인 동네였다. 야쿠인 동네 구경을 하며 저녁으로 뭘 먹을까 고민하다가 마침 도리카와 스이쿄우とりかわ粋恭가 가까운 곳에 있어서 가보기로 했다. 후쿠오카는 예로부터 닭의 생산량이 많고 가격도 저렴하여 일본에서 야끼토리 가게가 많은 도도부현 랭킹 1위로 꼽히는 지역이다. 그중 껍질을 돌돌 말아 양념을 발라 바싹 구워낸 후쿠오카의 명물 '도리카와'는 현지인에게 가장 사랑받는 술안주라고 한다. 치카게와 저녁에

간단히 술 한잔하면서 남은 이야기를 해도 좋고 또 후쿠오카의 명물을 소개할 수 있어서 제격이었다.

도리카와 스이쿄우는 주방이 한 가운데에 있고 주방을

기준으로 좌석이 ㄱ자로 둘러싸여 있는 독특한 구조였다. 그 이유는 도리카와를 주문하면 직원이 손님이 보는 앞에서 바로 도리카와를 구워주고, 식탁으로 건네주는 방식이기 때문이다. 우리는 카운터 석에 앉긴 했지만, 모서리 구석진 자리라 맛있게 구워지는 도리카와의 모습은 볼 수 없었다.

"도리카와 굽는 모습이 이 자리에선 안 보이네?"

"혹시 괜찮으시면, 여기서 사진 찍으실래요?"

무심코 말했는데, 옆자리에 앉아있던 손님이 내가 하는 이야기를 듣고 자리를 비켜주셨다. 내가 사진을 찍는 동안 두 분이 뒤에 서 계시는 민망한 상황이 연출 되긴 했지만, 덕분에 어렵게 도리카와 굽는 사진 한 장을 건질 수 있었다.

가게에 오기 전 치카게에게 일본 사람들이 생각하는 후쿠오카는 어떤 곳이냐고 물어봤었다. 치카게의 대답은 내 예상과 똑같았다. 맛있는 음식이 많고 사람들이 친절하고 온천으로 유명한 곳. 정말 그렇다. 후쿠오카 사람들은 음식 하나를 먹을 때도 이것저것 세심하게 물어봐 주고 처음 보는 사람을 붙잡고 신발 끈이 풀렸다고 말해주고 식당에 가면 먼저

메뉴판을 건네주는 사람들이었다. 싸고 친절하고 맛있는 음식이 많은 후쿠오카, 자꾸만 더 좋아진다.

우리는 우선 도리카와 소금 맛, 양념 맛을 각각 10개씩

주문하고 베이컨 토마토, 삼겹살 구이 등 다른 메뉴도 주문했다. 도리카와는 크기가 매우 작아서 10개씩 주문해도 양이 많지 않다. 잘 먹는 사람은 혼자서 40개를 먹는 사람도 있다고 한다. 주문이 들어가면 도리카와를 7번에 걸쳐 화로에서 바싹하게 구워주는데, 야끼토리와는 전혀 다른 식감과 맛이 나는 별미였다. 짭짤하면서도 한입에 쏙 들어갈 만큼 작았는데 씹을수록 더해지는 고소한 맛이 꼭 작은 고기 완자를 먹는 느낌이었다. 도리카와를 타바스코소스에 찍어 먹는다는 점도 참 재미있었다. 누가 이런 최고의 궁합을 생각해 낸 것일까?

　도리카와 굽는 뽀얀 연기와 함께 도란도란 이야기꽃을 피웠던 야쿠인에서의 이 밤은 후쿠오카에서 잊을 수 없는 또 하나의 추억이 되었다.

NO COFFEE

영업시간 11:00~18:00

휴무일 월요일 (월요일이 공휴일이면 다음날 휴무)

도리카와 스이쿄우 야쿠인본점 とりかわ粋恭 薬院本店

영업시간 17:00~23:00 (L.O 22:00)

정기 휴무 연말연시

비정기 휴무 월 4, 5일 정도

저는 천국에 갈 수 있나요?

포타마 구시다 오모테산도점

죠텐지

잇코샤 라멘

오랜만에 맞는 한가한 주말 아침, 비가 온다고 했는데 날씨가 아주 맑았다. 별다른 약속도 없고 한가로이 동네 카페에서 노닥거리고 싶은 그런 기분이었다. 무작정 밖으로 나가 포크타마고ポ―たま가 있는 기온을 향해 걸었다.

포타마 구시다

포크타마고는 한국에서 한때 유행했던 '스팸무스비'로 짭짤한 스팸과 두툼한 사각형 일본식 달걀말이를 넣어 만든 일본식 스팸 주먹밥이다. 일본에서는 줄여서 '포-타마'라고 부른다. 오키나와 사람들의 소울푸드로만 알려져 있다가 최근 일본 전역에서 선풍적인 인기를 끌었다. '스팸무스비를 일본 사람들은 이제야 좋아하는 거야?'라는 의문이 들 수도 있지만, 그럴 수밖에 없다. 한국 사람들이 가정에서 스팸으로 다양한 요리를 해 먹는 것과 달리 일본에서 스팸은 한국만큼 대중적인 음식이 아니다. 일본에서 직장을 다닐 때 한창 코로나가 유행했던 시기라 재택근무

를 한 적이 있었다. 일본인 매니저와 일 때문에 자주 전화를 주고받았는데, 어느 날 매니저가 매일 집에서 무엇을 해 먹냐고 물었다. 김치를 볶아서 볶음밥을 먹거나 인스턴트 라면도 먹고 스팸도 구워 먹고 이것저것 간단히 해 먹는다고 하니 "스팸?!"이라는 반문이 돌아왔다. 나는 일본어 발

음이 이상한 줄 알고 당황해서 미국 통조림 햄이라고 설명했는데, 상사는 스팸을 알긴 하는데 스팸을 집에서 먹는다는 것에 놀랐다고 말하며 '스팸은 오키나와에서 먹는 음식'이라고 했다. 상사도 놀랐겠지만, 나도 그 이야기를 듣고 적잖이 놀랐다. 생각해 보니 이제껏 일본 친구 집에 갔을 때 스팸을 같이 먹거나 집에서 스팸 통조림을 본 기억이 전혀 없었다. 이 짭짤하고 중독적인 맛은 분명 일본 사람들이 가장 좋아할 맛인데 이상하다고 생각했었는데, 아니나 다를까 지금은 편의점에서도 스팸무스비를 팔고 있을 정도로 인기가 많아졌다.

오키나와에서는 포크타마고를 아침 식사 대용으로 먹는다고 한다. 그래서인지 포타마 구시다 오모테산도점도 오전 7시부터 운영되고 있었고 더 서둘러서 간 것도 있는데 가게 앞에 도착하니 사람들이 가게 밖에까지 서 있는 모습이 멀리서도 보였다. 문 앞에는 배달하러 온 사람들도 몇 명 보였다. 주말 아침에 포크타마고를 집으로 배달시켜 먹는 기분은 어떨까. 예상치 못한 많은 사람들에 당황스러웠지만, 기다리고 기다려 어렵게 주문대에 섰다. 계산대에는 수많은 스팸 통이 인테리어의 일부가 되어있었다. 오직 후쿠오카 지점에서만 먹을 수 있는 명란과 타카나(갓)가 들어간 하카타 단독 메뉴는 아쉽게도 매진이었다. 차선으로 고른 메뉴는 명란 마요네즈였다. 스팸과 달걀에 명란 마요네즈를 뿌리는 정도인데 가격이 무려 440엔이었다. 조금 비싸긴 했지만, 주문하자마자 바로 철판에 구워주는 두꺼운 스팸과 폭신한 달걀말이, 짭짤 고소한 명란 마요네즈는 가격을 잊어버리게 하는, 가장 무섭다고들 하는 '아는 그 맛'이었다.

가게 안으로 내리쬐는 한겨울의 포근한 햇살을 맞으며 포크타마고를 맛있게 먹었다. 생각해 보면 한국에서는 귀찮아서 아침을 거르기가 일쑤였는데 여행을 오고 나서는 아침을 꼭 챙겨 먹었다. 후쿠오카에서 포크타마고로 아침 식사를 하는 이 순간이 내 여행에서 가장 이국적인 순간일지도 모른다.

포크타마고로 간단히 아침을 먹고 오늘도 후쿠오카를 산책했다. 보기 싫게 만든 블록 하나 없는 거리는 단정하며 깨끗했고 걷다 보면 보이는 작은 다리 밑에는 햇빛에 반짝이는 강이 흘렀다. 산책하기 좋은 도시 후쿠오카에 있어서 행복했다. 호텔로 돌아와 일을 하다가 다시 거리로 나왔다. 하카타역 주변의 역사 관광지를 둘러보기 위해서다. 후쿠오카를 제대로 이해하기 위해서는 하카타를 알아야 한다는 말이 있을 정도로 하카타는 중세 시대에 일본 최대의 무역 도시로 번창했던 곳이다. 지금도 그때의 흔적이 남아 '하카타 구시가지'로 조성된 구역에는 옛 시대에 남겨진 전통과 문화가 보존되어 있다.

하카타의 천 년의 시간, 그리고 앞으로의 천 년의 번영을 바라는 상징인 하카타 천년문博多千年門을 지나 가장 먼저 들른 곳은 조텐지였다.

조텐지

고풍스러운 멋이 돋보이는 목조 대문을 넘어 조텐지承天寺에 들어갔다. 사람 한 명 없는 깊은 적막과 세월을 가늠할 수 없는 고목이 내뿜는 분위기에 압도당했다. 누군가 말해주지 않아도 범상치 않은 절임을 느끼게 했다. 경내 안쪽으로 들어가 걷다가 나란히 세워진 세 비석을 발견했다. 사실 조텐지에는 이 비석들을 보러 왔다고 해도 과언이 아니다. 조텐지는 1242년 송나라 출신의 무역상인 샤코쿠메가 창건하고 쇼이치 국사가 문을 연 '일본 식문화에 획을 그은 사찰'로 불리는 곳이다.

그 이유는 일본의 대표 음식 우동, 소바, 만쥬, 양갱을 쇼이치 국사가 처음으로 일본에 전파하였고 이곳 조텐지에 그 역사를 기리기 위한 비석이 세워졌기 때문이다. 세 비석은 각각 우동과 소바 발상지 기념비饂飩蕎麦発祥之地の碑, 오만쥬도코로 기념비御饅頭所の碑, 미츠타 야자에몬 기념비満田彌三右衛門之碑다. 조금 더 자세히 들여다보면 우동과 소바 발상지 기념비는 쇼이치 국사가 우동과 소바의 제분, 제법 기술을 들여와서 일본에 전한 것을 기념하는 비석이고, 오만쥬도코로 기념비는 쇼이치 국사가 일본 전국으로 포교 활동을 하는 도중에 융성한 대접을 받은 찻집에 중국에서 배운 만쥬와 양갱의 제조기법을 알려주면서 오만쥬도코로(만쥬 파는 가게)라는 간판을 적어준 것을 기념한 것이다. 마지막으로 미츠타 야자에몬 기념비는 1241년 쇼이치 국사와 함께 귀국한 미츠타 야자에몬이라는 사람이 일본에 직물과 향료 등의 제법을 전했는데, 그때 직물 기술을 가게 대대로 전하고 발전시켜 현재 후쿠오카의 대표 직물인 '하카타 오리'를 완성하였다고 한다.

이뿐 아니라 죠텐지에는 중요한 비석이 하나 더 있었는데, 조텐지가 하카타의 대표 축제 하카타 기온 야마카사의 발상지임을 기념하는 비석이다. 1241년에 하카타에 역병이 유행했을 때, 쇼이치 국사가 가마를 타고 감로수를 뿌리고 다니면서 전염병을 물리쳤는데 이 풍습이 오늘날 야마카사 축제의 기원이 되었다고 전해진다. 일본의 음식 문화뿐 아니라

후쿠오카의 대표 축제까지, 일본의 굵직한 문화가 '사찰'에서 시작되었다는 점이 놀라웠다. 하카타는 예로부터 한국과 중국을 상대로 하는 국제무역항 역할을 하였고, 그 당시에는 스님들이 선진 문화를 배우기 위해 당나라나 조선에 유학을 많이 갔기 때문이라고 한다.

잇코샤 라멘

조텐지에서 일본 문화의 굵직한 역사를 배우고 저녁을 먹으러 잇코샤 一幸舎 라멘으로 향했다. 일본의 3대 라멘인 잇푸도, 이치란, 잇코샤 중 잇코샤 라멘을 먹을 기회가 한 번도 없었는데 찾아보니 잇코샤 총본사가 숙소 바로 뒤에 있었다. 등잔 밑이 어둡다더니. 오늘 몇 번이나 하카타를 너무 몰랐다는 생각이 들었다. 돈코츠 라멘과 명란 밥을 주문했는데 라멘은 역시나 소문대로 한국인이 좋아할 것 같은 칼칼한 맛이 강한 라멘이었고 같이 주문한 명란 밥도 어찌나 맛있던지 한 그릇을 더 주문할지 말지 심각하게 고민했다. 후쿠오카는 왜 이리도 명란이 맛있는 것일까. 식탁에 준비된 카라시 타카나를 왕창 라멘에 넣어 먹다 보니 어느새 또 라멘 한 그릇을 비웠다. 맛있는 하카타 라멘을 먹고 싶을 때 언제든 먹을 수 있다는 이 기쁨. 오늘 간 조텐지의 쇼이치 스님에게 감사하는 시

간이었다. 매일 새로운 발견이 있는 후쿠오카, 낯선 느낌 이대로도 충분히 좋다.

포타마 구시다 오모테산도점 ポーたま 櫛田表参道店

영업시간 07:00~20:00 연중무휴

조텐지 承天寺

영업시간 09:00~16:00 연중무휴

입장료 무료

하카타 잇코샤 총본점 博多一幸舎 総本店

영업시간 월~토 11:00~23:00, 일 11:00~21:00 연중무휴 (연말연시 제외)

후쿠오카의 가장 오래된 카페에서 만난 행운

브라질레이로

도초지

프리랜서가 되면 월요병과는 영영 이별일 줄 알았다. 하지만 막상 일을 해보니 나에게 일을 주는 사람은 직장을 다니는 사람이었기에 가장 효율적인 루틴은 역시 평일에 일하고 주말에 쉬는 패턴이었다. 그래서 지금도 월요일이 다가오면 다시 일을 시작해야 한다는 압박감에 시달리고는 한다. 돈 버는 일은 전부 머리가 아픈 거라더니, 맞는 말이다. 하지만 후쿠오카에 오고부터는 신기하게도 월요병이 말끔히 사라졌다. 일이 전부인 것처럼 살았던 한국에서와 달리 하루 종일 일에 매달려 있지도 않고 매일 후쿠오카의 어디를 갈지, 무엇을 먹을지 찾고 경험하는 일이 나에겐 더욱 중요한 일과가 되었다. 일을 하고는 있지만, 내면의 스트레스가 훨씬 덜해진 기분이랄까. 미리 지쳐버리는 월요일에도 이유 없이 힘이 빠지는 목요일에도 즐겁고 행복했다.

브라질레이로

월요일 아침, 노트북과 책 하나를 들고 힘차게 길을 나섰다. 후쿠오카에서 가장 오래된 카페 브라질레이로 ブラジレイロ로 가기 위해서였다. 브라질레이로는 1934년에 브라질 상파울루주 커피국이 일본에 브라질 커피를 홍보할 목적으로 지은 곳인데, 당시에 보기 드문 모던한 인테리어가 사람들 사이에서 입소문이 나며 후쿠오카는 물론 규슈 각지의 시인과 문인

들이 교류하는 만남의 장소가 되었다고 한다. 전쟁으로 인해 잠시 영업을 중단했다가 1952년에 하카타에서 다시 문을 열어 선대를 이은 2대가 운영 중이다. 최근에는 브라질레이로에서 직접 만들어 파는 멘치카츠가 SNS상에서 화제를 모으면서 젊은 층 사이에서도 후쿠오카에 가면 꼭 가야 하는 카페로 유명해졌다. 시대를 넘어 젊은이들의 발길을 불러 모으는 브라질레이로. 그곳이 너무나 궁금해졌다.

브라질레이로는 옅은 회색 외벽에 귀여운 직사각형 창문이 여러 개 나 있고 문 앞 간판에는 가타카나로 ブラジレイロ(브라지레이로)라고 쓰여 있었다. 카페 안은 레트로 감성의 옛 목조 가구와 벽지, 조명이 그대로 남아있었고 나선형 계단을 따라 올라간 2층 벽면에는 브라질레이로의 옛 모습을 찍은 사진과 옛날 일본 포스터가 붙어 있었다. 1930년대의 카페를 가본 적은 없지만, 만약 그 당시의 카페에 갔다면 이런 모습, 이런 분위기였을 것 같았다.

직원분이 오셔서 식사는 11시부터 준비되고 역시나 오늘 멘치카츠는 품절이라고 하셨다. 멘치카츠는 하루 한정 10개만 판매하는데 거의 매일 완판이기 때문에 일주일 전에 예약하지 않으면 먹을 수가 없다. 이미 예상한 일이기에 실망도 없었다. 식사가 나올 때까지 책을 보며 기다리는데 갑자기 직원이 다시 오더니 방금 멘치카츠 예약이 하나 취소되었는데 멘치카츠로 주문을 변경하지 않겠냐고 물어보는 것이었다. 아니, 이런 행운이 있다니?! 언제 만나도 좋은 행운은 일상에서보다 여행지에서 더욱 특별해진다. 두근대는 마음으로 멘치카츠를 기다렸다.

11시가 조금 지나자, 행운의 멘치카츠가 나왔다. 끝이 뾰족한 럭비공

모양에 겉은 단단했고 얼마나 잘 익혔는지 보기만 해도 바삭한 소리가 날 것 같았다. 반을 잘라보니 속은 하얗다. 닭고기와 돼지고기, 양파를 다져서 넣었다고 하

는데, 처음 한 입 먹어보니 생각보다 맛이 밍밍했다. '맛이 조금 연하네'라고 생각하며 그릇 한 켠에 같이 나온 연겨자도 찍어 먹어 보다가 같이 나온 매시 포테이토와 야채도 하나씩 먹었다. 그리고 그제야 멘치카츠 맛이 심심한 이유를 알았다. 매시 포테이토와 야채에 간이 간간하게 베어 있어서 멘치카츠와 곁들여 먹으니 간이 딱 맞았다. 멘치카츠를 만든 사람은 분명 한 접시의 모든 음식이 어우러지는 조화를 생각하며 멘치카츠의 양념을 조금 덜어놓았을 것이다. 맛도 비주얼도 모두 훌륭했던, 세상에 하나밖에 없는 브라질레이로의 멘치카츠였다.

맛있는 식사를 하고 커피 한 잔을 마시며 옛 카페의 시간을 만끽한 뒤 밖으로 나왔다. 사람들은 카페에서 추억을 쌓고 바쁜 일상을 잠시 내려놓는다. 삶을 유지하는 데 있어서 꼭 필요한 절대적 가치는 아니더라도 카페 문을 여는 순간 느껴지는 편안함과 나른함 속에서 휴식을 취하고 다시 일어설 힘을 얻는다. 오랜 시간 후쿠오카 사람들에게 마음의 휴식처가 되어 주었던 브라질레이로. 앞으로도 계속 그 역사와 시간을 이어가 주길!

도초지

어제 죠텐지에 이어 오늘은 도초지東長寺에 가보기로 했다. 도초지는
806년에 고보 대사가 건립한 사찰로 밀교(7세기 후반에 홍성하였던 불
교의 한 유파) 세력이 동쪽으로 전파되기를 기도하는 마음으로 세운 절
이다. 경내에 들어가니 화려한 붉은색 오층탑이 가장 먼저 눈에 띄었는
데, 도초지 창립 1200년을 기념해서 2011년에 세워진 후쿠오카현 내의
첫 오층탑이라고 한다. 5층으로 올려진 주홍색 석탑이 경내의 푸른 숲과
어우러져 아름다웠다.

자리를 옮겨 진짜 도초지의 주인공을 만나러 갔다. 일본 최대의 목조
좌상으로 불리는 '후쿠오카 대불'이다. 후쿠오카 대불 관람 마감 시간은
4시 45분인데 내가 도초지에 도착했을 때가 4시 30분이라 조금 애매한
시간이었다. 오늘 그냥 갈지 다음에 다시 올지 고민하는 찰나 일본인 여
학생 두 명이 대불이 있는 2층으로 올라가는 것이 보였다. 나도 얼른 두

학생을 따라 올라갔다. 2층에 올라
가자, 코를 찌르는 향냄새가 나면서
바로 후쿠오카 대불이 모습을 드러
냈다. 상상했던 것보다 더 눈을 뗄
수 없을 정도로 압도적이었다. 인간
이 어떻게 이런 불상을 만들 수 있
는 것인지, 인간이 만든 사물에서
어떻게 이런 영험한 느낌이 날 수
있는지 신기하여 불상을 올려보고

또 올려다보았다. 아깝게도 사진 촬영이 금지되어 있어서 사진을 남기지는 못했다.

후쿠오카 대불은 1988년부터 4년에 걸쳐 완성되었는데 높이 10.8m, 무게가 30톤이나 되는 목조(노송나무) 좌상이다. 후쿠오카 대불에 관련된 재미있는 이야기가 있는데 항상 선한 것을 생각하는 사람에게는 불상의 얼굴이 웃는 표정으로 보이고, 악한 것을 생각하는 사람에게는 화난 표정으로 보인다고 한다. 나는 이 이야기를 너무 의식해서인지 대불이 웃는 것도 화난 것도 아닌 모호한 표정으로 보였다.

후쿠오카 대불 뒤쪽에는 '지옥 극락 순례'라는 체험이 있다. 불이 켜지지 않은 어두운 작은 문을 들어가면 지옥 팔경의 그림이 펼쳐지고 지옥 같은 좁고 어두운 길을 계속 걸어가면 극락에 도달한다는 지옥 체험이다. 죽음의 세계를 체험하고 다시 살아나 더러움과 고민을 없앤다는 의미가 있다고 한다. 지옥 극락 순례도 어떤 느낌일지 정말 궁금했지만, 도저히 혼자 들어갈 용기는 나지 않았는데 정말 고맙게도 조금 전 내가 뒤를 따라왔던 두 여학생이 마침 뒤쪽으로 들어가는 모습이 보였다. 이번에도 바짝 뒤를 쫓았다.

안으로 들어가니 지옥에서 망자가 괴로워하는 모습의 기괴한 그림들이 벽에 연달아 걸려 있었고 어딘가에서 낮은 음성의 남성이 일본어로 설명하는 소리가 들렸다. 사실 이 목소리가 가장 무서웠다. 그림이 걸린 길을 모두 지나자, 이번에는 정말 한 치 앞도 보이지 않는 어둠으로 들어 갔다. 난간을 손으로 잡고 있긴 했지만, 정말 아무것도 보이지 않아서 무 언가에 걸려 넘어질 것 같은 느낌이 들어 두려워졌다. 앞의 여학생들도 연신 "위험해, 위험해."라고 소리치더니, 결국 핸드폰 라이트를 켰다. 현 대인은 핸드폰만 있으면 두려워할 것이 없다. 나도 내 핸드폰 불을 밝히 며 조금씩 앞으로 나아갔다. 어둠을 지나 빛이 나오고 이제는 극락을 표 현한 듯한 그림들이 연이어 나타났다. 그림들 앞에는 셀 수 없이 많은 동 전이 떨어져 있었다. 우리보다 먼저 출발한 것으로 보이는 사람들이 극 락 그림 앞에 모여 "천국에 가게 해주세요." 하며 열심히 기도를 드리고 그림 앞에 동전을 던지고 있었다.

지옥 체험을 마치고 나와 다시 대불을 찬찬히 훑어보았다. 지옥 체험 을 해서인지 대불의 눈빛이 더욱 생생하게 느껴졌고 불상이 저 위에서 나를 내려다보는 듯한 느낌도 들었다. 마치 나에게 '너는 지옥에 갈 것이 냐, 천국에 갈 것이냐'라고 묻는 듯하여 가슴이 서늘해졌다. 대불 앞에는 고개를 숙이고 손을 모아 열심히 기도를 드리는 한 여성이 보였다. 무엇 을 그리도 열심히 비는 것일까. 너무 열심히 기도를 하고 있어서 근처에 다가갈 엄두조차 나지 않았다. 대불에게 정말 소원을 이루어 줄 수 있는 능력이 있다면 이 여성분의 소원을 꼭 들어주시기를 나도 같이 빌었다.

브라질레이로 ブラジレイロ

영업시간 **평일 10:00~20:30 (L.O 20:00) 토요일 10:00~19:00 (L.O 18:30)**

정기 휴무 **일요일, 공휴일**

도초지 東長寺

입장시간 09:00~16:45

입장료 **무료**

참배 50엔

견디기 힘든 겨울에도 아랑곳하지 않고

케고 신사

유센테이

호운테이

가끔은 아무 생각 없이 마음을 비우고 싶을 때가 있다. 너무 무리한 욕심을 부리면 피곤해진다. 아침에 호텔에서 나와 아무 계획도 세우지 않은 채로 무작정 텐진행 버스를 탔다. 혹시 버스가 이상한 방향으로 간다고 해도 상관없었다. 아무도 정답을 알려주지 않는 여행에서 내 하루의 운명을 하늘에 맡겨보는 심정이랄까. 몇 번인지 정확히 기억도 나지 않는 버스를 타고 텐진 1쵸메를 지나 케고 신사警固神社라는 어느 작은 신사 앞에 내렸다. 케고 신사 앞에는 공사가 한창이라 소음이 굉장히 심했는데 왠지 한 번 들어가 보고 싶은 기분이었다. 청명한 아침의 공원이 그렇듯 신사 역시 아침에 가는 것이 가장 좋다.

케고 신사

케고 신사 경내는 바깥 풍경과는 정반대로 너무나 고요하고 깨끗했다. 울창한 나무들 뒤로 보이는 미쓰코시 백화점, 빅카메라 같은 고층 건물이 케고 신사의 자연적인 모습과 대비되며 독특한 분위기를 자아내고 있었다. 텐진에 스이쿄텐만구말고도 이런 신사가 있었구나 싶었다. 외국인은 한 명도 없고 현지 사람들만 있었는데, 그중 한 중년 남성이 본전

앞으로 직진하더니 입고 있던 재킷을 벗어 가방 위에 올려놓고 천 엔이나 봉헌하며 기도를 드렸다. 출장을 가다가 잠깐 들린 것일까? 아니면 중요한 미팅이라도 앞둔 것

일까? 평일 오전부터 신사에
와서 기도하다니, 일본 사람
들은 습관처럼 신사를 찾고
생활의 일부처럼 신에게 기
도를 드린다.

케고 신사는 후쿠오카 초
대 번주 구로다 나가마사가 건립한 신사로 원래는 후쿠오카 성 터에 있
었다가 1608년에 이 자리로 옮겨진 뒤 오랜 시간 텐진 주민들의 신앙의
대상이 되고 있다. 경내 안을 천천히 둘러보다가 재미있는 곳을 발견했
는데, 신사 안에 족욕탕이 있었다. 아무리 목욕을 좋아하는 일본이라지
만, 신사 안에 족욕탕까지 있다니 놀라웠다. 안내판에는 '족욕으로 힐링
된 마음을 헌금함에 표현해달라'고 쓰여 있었는데, 독특하면서도 재미있
는 마케팅 방법이었다.

유센테이

케고 신사에서 나와 점심을 간단히 먹고 카페에서 쉬다가 유센테이友
泉亭로 향했다. 사실 오전에 뭘 할지 고민하기 싫었을 뿐 오후에 하고 싶
은 일은 정해져 있었다. 후쿠오카에는 일본식 정원을 보며 차를 마실 수
있는 공간으로 유명한 두 곳이 있는데, 라쿠스이엔과 유센테이다. 라쿠
스이엔은 하카타에 있어서 접근성이 좋지만, 유센테이가 훨씬 규모도 크
고 제대로 된 일본 정원을 볼 수 있기에 후쿠오카에 오면 유센테이를 꼭
가보고 싶었다.

유센테이로 가기 위해서는 텐진에서 버스를 타고 30분 정도 이동한 다음 유센테이 정류장에서 내려 다시 5분 정도 걸어가야 했다. 차가 쌩쌩 달리는 차도 옆 샛길을 걸어가니 주차장으로 보이는 큰 공터가 나왔고 그곳에 유센테이 입구로 들어가는 표지판이 보였다. 이렇게 외진 곳에 와도 되는 것인지 조금 당황스럽고 무섭기도 했는데, 매표소에 앉아 계신 인상 좋은 아주머니를 보고 걱정을 조금 덜었다. 오솔길 같은 산책로를 지나 유센테이라고 크게 쓰인 현판이 걸려있는 대문을 넘었다.

건물 안으로 들어가니 오히로마大広間가 나왔다. 두 면이 창으로 되어 있고 연못을 향해 나 있는 유센테이의 오히로마는 9평 남짓한 다다미방으로 쇼인즈쿠리라는 건축 양식을 따르고 있는데, 무사 문화를 배경으로 하며 격식을 중요시하는 건축 양식이다. 그래서인지 특유의 격식과 품위가 느껴졌다. 오히로마 너머로 보이는 연못은 그야말로 비경이었다. 연못 위를 떠다니는 오리와 백조들, 멀리서 들려오는 폭포 소리와 새소리,

겨울에도 여름 못지않게 푸르른 녹음이 바로 눈앞에 있었다.

유센테이는 1754년 후쿠오카 6대 영주 구로다 츠구타카가 지은 별장으로 후쿠오카에서 연못을 중심으로 조성된 최초의 공원이라고 한다. 유센테이는 '정원'이 아닌 '공원'이었다. 유센테이라는 이름은 '견디기 힘든 더위에도 아랑곳하지 않고 솟는 샘을 벗 삼은 암자는…(世にたへぬ あつさもしらずわき出る 泉を友と むすぶいほりを)'라는 일본의 한 시조에서 유래되었다고 하는데 이름조차 너무나 낭만적이다.

오히로마에 들어오기 전 입구에서 주문했던 젠자이세트를 직원분이

가져와 주셨다. 젠자이는 팥에 설탕, 소금 등을 첨가하여 뭉근하게 끓여낸 일본식 단팥죽으로 우리나라 팥죽보다 조금 더 달달하면서 일본 가정집에서 먹는 듯한 정겨운 맛이 났다. 오히로마에 앉아 아름다운 일본식 정원을 보며 젠자이를 먹는 이 호사스러운 시간을 나 홀로 누리다니, "아, 좋다."라는 말이 절로 나왔다. 시간을 잊게 만드는 유센테이의 평화로움과 풍경 어느 것 하나 놓치고 싶지 않아 한참을 머물렀다.

오후가 다 지나서야 오히로마를 나와 유센테이 산책로를 좀 더 걷다가 버스 정류장으로 향했다. 버스를 기다리는 동안 주위를 둘러보았는데, 전형적인 일본 시골 마을 풍경이 펼쳐졌고 뒤로는 작은 샛강이 흐르고 있었다. 후쿠오카는 어디를 가든 강을 볼 수 있다. 누군가가 나에게

후쿠오카가 어떤 곳이냐고
묻는다면 거리를 걸을 때 바
람을 타고 실려 오는 강의 비
릿한 냄새와 햇빛에 반짝이
는 강물 빛을 가장 먼저 떠올
릴 것이다. 깨끗한 물이 흐르
는 샛강에는 비단결 같은 하얀 털을 가진 새가 한 마리 있었다. 일본의
국민 작가 나쓰메 소세키의『문조』라는 작품에서 주인공이 기르는 새하
얀 깃털을 가진 새가 실제로 있었다면 이런 모습이 아니었을까 싶을 정
도로 아름다웠다. 그리고 신기하게도 계속 한 자리에만 머물며 주위를
두리번거리던 그 하얀 새는 내가 버스를 타자 큰 소리를 내며 한 번 울었
다. 우연이었겠지만, 그 소리가 마치 내가 떠나는 것을 서운해하는 듯 매
우 구슬프게 들렸다. 유센테이, 나 역시도 더 오래 머물고픈 아름다운 곳
이었다.

호운테이

바로 하카타로 돌아가기는 아쉬워 나카스에서 내려 상점가를 돌아다
니다가 히토구치 교자ー口餃子를 먹으러 호운테이宝雲亭에 갔다. 히토구치
교자는 후쿠오카의 명물 중 하나로 한입에 쏙 들어가는 작은 교자를 말
한다. 오사카와 후쿠오카의 히토구치 교자가 유명한데, 일본 최초의 히
토구치 교자는 후쿠오카에서 시작됐다.

호운테이는 히토구치 교자의 원조집으로 불리는 곳으로 나카스의 유

홍가 뒷골목에 있었다. 빨간색으로 칠해진 간판과 한자 때문인지 어느 중국 뒷골목에 온 듯한 분위기가 났고 가게 안에는 초저녁부터 교자에 맥주 한잔 곁들이는 사람들로 활기가 넘쳤다. 문 앞쪽에는 직원분이 히토구치 교자피를 손으로 직접 빚고 계셨는데 작은 만두피가 큰 손에서 기계처럼 만들어지는 모습이 묘기에 가까웠다. 그 광경에 시선이 머문 채로 자리에 앉아 히토구치 교자, 구로부타 교자 하나씩과 생맥주 한 잔을 주문했다.

히토구치 교자는 처음 보면 그 크기에 먼저 놀라게 된다. 일반 만두의 절반이 될까 말까한 크기다. 철판에 구워져 겉면은 바삭하고 다른 한쪽은 쫄깃하게 구워 독특한 식감을 갖고 있었고 한입에 쏙 넣으니 고기의 육즙, 양파의 단맛이 가득 흘러나왔다. 소스로는 초간장과 유즈코쇼가 준비되어 있었는데 후쿠오카에서는 교자도 유즈코쇼에 찍어 먹는 것이 일반적이라고 한다. 유즈코쇼는 우동이나 고기 음식에만 잘 어울릴 줄 알았는데 만두와도 정말 잘 어울렸다. 교자 스무 개를 순식간에 다 먹고 자리에서 일어났다. 점원분들이 상냥하게 또 오라고 인사해 주서서 나

오는 길에도 기분이 좋았다. 언젠가 다시 후쿠오카에 온다면 마음 통하는 친구와 밤이 샐 때까지 호운테이의 히토구치 교자를 먹어보고 싶다.

케고 신사 警固神社

영업시간 09:00~19:00 연중무휴

입장료 무료

유센테이 友泉亭

개원시간 09:00~17:00

정기 휴무 매주 월요일(월요일이 공휴일이면 그다음 날이 휴무), 12월 28

일~1월 1일 ※ 1월 2일 · 3일, 5월 4일 · 5일은 운영

입장료 성인 200엔, 소인(중학생 이하) 100엔

호운테이 宝雲亭

영업시간 17:00~23:00

정기 휴무 일요일, 공휴일

케고 신사

서울에서 가장 가까운 하와이 이토시마

마타이치 소금 제염소 공방 돗탄

팜비치 더 가든

부부 바위

맑고 투명한 푸른 바다와 신선한 먹거리, 해변이 내려다보이는 멋진 레스토랑과 카페가 즐비한 '후쿠오카 주민들이 가장 사랑하는 근교 여행지' 이토시마. 나가사키 여행을 함께 했던 아사코 언니의 제안으로 이토시마 드라이브 여행을 떠나게 되었다. 아사코 언니가 10시 반까지 하카타역으로 와주기로 해서 같이 마실 음료를 사러 편의점에 잠깐 들렀다.

평소에는 생활비를 줄이기 위해 마실 것은 편의점보다 값이 저렴한 드러그 스토어를 이용하는 편인데, 언니에게 조금이라도 좋은 것을 주고 싶어 상품이 더 많은 편의점으로 간 것이다. 편의점 음료 코너에는 벌써 벚꽃 디자인이 들어간 사쿠라桜 벚꽃 녹차가 출시되어 있었다. 일본만큼 봄을 고대하고 사랑하는 나라가 있을까. 봄이 시작되는 늦겨울부터 편의점뿐 아니라 음식점, 카페, 심지어 옷 가게에도 벚꽃 장식이 걸리는 곳이 일본이다. 그렇게 도시 전체가 조금씩 연분홍 벚꽃색으로 물들면 곧 봄이 되고 벚꽃이 만개하는 것이다. 한 발 가까이 다가온 봄을 느끼며 사쿠라 녹차 두 개를 사서 하카타역으로 향했다. 언니에게 차를 건네자 안

그래도 뭐라도 사야 하나 했다며 고마워했다. 이토시마로 향하는 차 안에서 마셨던 은은한 벚꽃 향 녹차 맛을 아직도 잊을 수 없다. 별거 아니지만 일본에서 만나는 이런 소소한 이벤트는 항상 즐겁다.

이토시마는 끝없이 펼쳐진 푸른 바다가 보이는 해안도로가 아름답기로

유명하여 드라이브 명소로 평판이 자자하다. 언니는 이토시마의 아름다운 해안 도로를 보여주겠다며 신나 했는데, 내비게이션은 우리를 계속 이상한 주택가 골목으로만 안내했다. 언니는 "이상하네, 왜 해안 도로가 안 나오지? 미안해~." 하며 당황해했고, 나는 그런 언니의 모습을 보며 웃음이 났다. 이토시마에서 멋있는 차를 타고 해안도로를 달리는 낭만은 현실이 되지 못했지만, 아름다운 마음씨를 가진 언니와 함께니 그것으로 충분했다.

마타이치 소금 제염소 공방 돗탄

우리의 첫 목적지는 마타이치 소금 제염소 공방 돗탄またいちの塩 製塩所工房とったん이었다. 마타이치라는 브랜드의 소금을 만드는 소금 공방의 이름이 돗탄이다. 마타이치 공방에 도착해서 신난 마음으로 차에서 내렸는데 나무만 무성한 어느 숲속 한 가운데였다. '이런 곳에 소금 공방이 있다고?' 조금 불안한 마음이 들었지만, 언니를 따라 그냥 가보기로 했다. 조금씩 보이기 시작한 오솔길의 끝. 그 끝을 나오니 탁 트인 청량한 푸른 바다와 일렁이는 파도 소리, 기분 좋은 학생들의 웃음소리가 서쪽 끝 땅을 가득 채우고 있었다.

소금 공방을 만든 주인은 원래 일식 요리사였다. 요리를 위해 좋은 소금을 찾으러 다니다가 더 이상 자신이 원하는 소금을 찾기 힘들어지자 직접 소금 공방을 세웠다고 한다. 풍부한 미네랄을 가진 이토시마의 바닷물을 이용해 소금을 만들어 내는데 소금의 첫 결정인 '꽃소금'으로 만든 '하나시오푸딩花塩プリン'을 만들어 판매하고 있다. 귀여운 작은 병에

들어간 샛노란 푸딩 위에 뿌려진 꽃소금이 푸딩의 단맛을 배가시켜 주는
역할을 한다. 언니와 나는 캐러멜 맛으로 하나씩 사서 바다가 한눈에 내
려다보이는 나무 벤치에 앉았다.

눈 앞에 펼쳐진 아름다운 바다를 두 눈에 담고 살랑살랑 불어오는 바
닷바람을 온몸으로 느끼며 달달한 하나시오푸딩을 먹는 그 기분은 경험
해 본 사람만 알 수 있다. 바다가 주는 다양한 선물에 그저 감사한 시간
이었다. 교통이 좋은 편은 아니지만, 기회가 된다면 이토시마에 왔을 때
꼭 들려보기를 추천한다. 날씨가 좋지 않은 날은 소금을 제조할 수 없어
하나시오푸딩도 맛볼 수 없다고 하니 오기 전에 날씨도 꼭 확인하자.

팜비치 더 가든 & 서프사이드 카페

점심을 먹기 위해 차를 타고 팜비치 더 가든PALM BEACH THE GARDENS으

로 향했다. 소금 공방에서 팜 비치 더 가든까지는 차로 30분이 넘게 걸렸다. 이토시마가 이렇게 넓은 곳인 줄 미처 몰랐다. 팜 비치 더 가든은 이국적인 분위기를 느끼게 해주는 올드 하와이안풍 건물로 총 네 개의 동, 여섯 개의 가게로 구성되어 있다. 언니가 이토시마는 생오징어회가 유명하다고 하여 나미하라라는 가게에 가려 했지만, 너무 사람이 많아서 포기하고 서프사이드 카페Surfside cafe로 갔다. 서프사이드 카페는 미국의 로컬 레스토랑 분위기의 식당이었는데 유리창 너머로 보이는 이토시마의 아름다운 풍광이 환상적이었다. 눈 부신 태양이 그리운 이 추운 계절에 이토시마에만 한여름이 찾아온 것 같았다. 따뜻한 햇살 아래로 펼쳐진 코발트블루 색 바다, 이국적인 야자수, 굽이진 산등성이, 길게 활 모양으로 휘어진 모래사장과 해안선을 수놓은 카페와 레스토랑들. 이토시마를 '서울과 가장 가까운 하와이'라고 부르기도 한다던데, 정말 하와이에 온 것만 같았다. 짭짤한 일본간장이 들어간 아보카도 연어 포케를 먹으며 이토시마의 풍경을 천천히 감상했다.

부부 바위

점심을 다 먹고 이토시마의 명소 부부 바위를 보러 해변가로 내려왔다. 팜비치 더 가든에서 부부 바위가 있는 사쿠라이후타미가우라桜井二見

ヶ浦까지는 모래사장을 따라 직진해서 걸어가면 된다. 부부 바위는 '물 위의 신사'라고도 불리는 후쿠오카현의 명승지로 바다 위 두 암초가 마치 부부처럼 사이좋게 붙어 있다고 하여 부부 바위로 불린다.

오른쪽 암초가 왼쪽보다 살짝 더 커서 오른쪽 암초가 남편 바위(11.8m), 왼쪽 암초가 아내 바위(11.2m)라고 한다. 예로부터 부부 바위가 있는 사쿠라이후타미가우라는 일본 고대 신화에 등장하는 신을 모시는 신성한 지역으로 여겨졌다. 매년 4월 말에는 한 해의 안녕과 풍년을 기원하기 위해 부부 바위에 제사를 지내는데, 이때 바위를 하나로 이어주는 거대한 줄을 새것으로 교체한다고 한다. 이 줄의 무게가 무려 1톤이나 나가기 때문에 옮기고 거는데만 성인 남성 50여 명의 힘이 필요할 정도라고 하니 제사 드리기도 보통 일이 아니다.

부부 바위에 도착하니 이미 많은 사람이 기념사진을 찍기 위해 하얀

팜비치 더 가든

도리이 앞에 모여 있었다. 부부 바위는 인연 맺기와 원만한 부부관계의 상징 같은 존재여서 연인과 부부들이 들리는 필수코스다. 하얀색 도리이 가운데에 서고 그 너머로 부부 바위가 보이게 찍는 것이 사진의 포인트인데, 나와 언니는 도리이 앞에서 간단히 사진을 찍고 편안한 마음으로 경치를 감상했다. 망망대해 속 서로를 의지하며 떠 있는 부부 바위는 세상 그 어떤 바위보다 보기 좋았다. 후타미가우라의 풍경은 특히 노을 질 때가 아름다워서 일본의 바닷가 100선, 일본의 석양 100선에 선정되었다고도 한다.

다시 팜비치 더 가든으로 돌아와 젤라토를 하나씩 사서 야외 테라스석에 앉아 시간을 보냈다. 온몸에 따스하게 내려앉는 햇살과 먹어도 먹어도 질리지 않는 달콤한 과일 젤라토, 작은 낙원이 이곳에 있었다. 이토시마는 예로부터 예술가들이 모여 사는 지역으로 유명했는데, 요즘에는 워라밸을 중시하는 일본 젊은이들 사이에서 이토시마로 이주하는 붐이 일고 있다고 한다. 휙휙 일을 처리 하다가 지치면 언제든 툴툴 털고 천혜의 자연 속으로 뛰어드는 일상…. 누구나 바라는 삶이 아닐까. 이토시마에 산다면 영원한 젊음이 주어질 것만 같다.

마타이치 소금 제염소 공방 돗탄 またいちの塩 製塩所 工房とったん

영업시간 10:00~17:00

※ 계절에 따라 영업시간 다름

※ 연말연시 휴무

서프사이드 카페 Surfside cafe

영업시간 평일 11:00~19:00 (L.O 18:00), 주말 · 공휴일 10:00~19:00 (L.O 18:00)

부부 바위

주소 후쿠오카현 이토시마시 시마사쿠라이

하카타만의 심볼 하카타 포트 타워

이치란

하카타 포트 타워

하카타 토요이치

새벽까지 일을 하고 잤더니 몸이 천근만근이었다. 후회 없이 여행도 일도 다 잘 해내고 싶지만, 그러기 위해서는 충분한 계획과 지치지 않는 체력이 필요하다는 것을 한 달 살기를 통해 몇 번이나 배우고 있다. 기분 전환이 필요했다. 마침 오늘부터 3일간 산큐패스를 쓸 수 있어서 교통비 걱정 없이 후쿠오카 시내를 어디든 다닐 수 있었다. 24시간 영업이라 언제든 마음 내킬 때 갈 수 있는 나카스 이치란 총본점에 가보기로 했다.

이치란

이치란一蘭은 일본 여행을 왔다면 누구나 한 번쯤 들어봤을 일본의 대표 돈코츠 라멘 체인점이다. 혹시 모르는 사람을 위하여 간단히 설명하자면, 이치란은 일본 전역은 물론 세계에 일본 라멘을 알린 일본 라멘 체인의 대표 격으로 평가받는다. 일본 최초의 회원제 라멘 가게, 맛에만 오롯이 집중할 수 있는 독서실 좌석, 자신의 취향을 적어 내는 기입식 오더 시스템 등의 독자적인 시스템을 최초로 개발하였다. '돈코츠 라멘 = 이치란 라멘'이라는 새로운 공식을 만들어 낸 이치란의 총본점은 후쿠오카의 나카스에 있다.

나카스 총본점 앞에 도착한 시각은 오전 10시. 너무 일찍 왔나 하는 걱정이 앞섰는데 건물 안을 들어가기도 전에 놀랄 수밖에 없었다. 문 앞에 '웨이팅 30분'이라는 표지판이 세워

져 있었기 때문이다. 혹시 어제저녁 때 쓰던 표지판을 아직 치우지 않은 건가 하는 의심도 들었지만, 역시 아니었다. 아침 10시에 라멘을 먹으러 갔는데 30분을 기다려야 하는 곳이 후쿠오카다. 이치란 라멘은 워낙 빨리 나오기도 하고 회전율이 빠른 편이라 그냥 줄을 서서 기다리기로 했다. 키오스크에서 먼저 결제를 한 뒤 5분 정도 지났을까? 종업원이 나에게 안으로 들어오라는 사인을 보냈다. 마침 이번에도 운 좋게 딱 한 자리가 비어 있었다.

칸막이가 쳐진 독서실 같은 좌석에 앉아 책상 위에 놓인 종이에 면 삶기 정도, 국물 진함 정도, 매운 정도, 마늘, 파, 차슈, 면 양 등을 체크한 뒤 직원에게 건넸다. 이렇게 내 취향에 맞게 이것저것 고를 수 있다는 점이 이치란 만의 색다른 재미이면서 자신의 입맛에 가장 잘 맞는 라멘을 먹을 수 있기에 이치란 라멘이 누구에게나 사랑받게 되지 않았을까? 후쿠오카의 이치란 본점에서 만든 라멘을 먹게 되다니! 이제껏 이치란 라멘을 먹으면서 이렇게 가슴이 떨린 적은 없었다.

나같은 돈코츠 라멘 덕후에게 나카스 총본점은 성지와도 같은 곳이다. 오랜만에 먹은 이치란 라멘은 진한 돈코츠 육수에 얇은 면이 감기면

서 나는 감칠맛이 말할 필요 없이 맛있었다. 후쿠오카 한정 메뉴인 생강 토핑을 올린 라멘이나 이치란만의 특별 식초 소스를 넣어 색다르게 먹어볼까 고민도 했지만, 나

는 무엇이든 기본이 가장 좋다. 일본 친구들은 도쿄의 이치란과 후쿠오카의 이치란 맛이 다르다고 하던데, 큰 차이점은 느끼지 못했다.

하카타 포트 타워

이치란 라멘을 먹고 배가 든든해지니 기운이 나는 것 같았다. 안 좋았던 기분은 저 멀리 던져버리고 다시 힘을 내어 하카타항이 있는 하카타 베이사이드로 향했다. 계속 시내에만 있는 것 같아 조금 다른 지역으로 가보고 싶어서 생각해 낸 장소였다. 하카타 베이사이드는 옛 항구마을에 온 듯한 독특한 분위기를 지닌 곳이었는데 단연 눈에 띈 것은 빨간색 외관이 인상적인 하카타 포트 타워였다. 1964년에 세워진 하카타만의 상징으로 도쿄타워를 설계한 건축가가 설계했다고 한다.

1층은 하카타항의 역사를 다룬 박물관으로 운영되고 있었고 꼭대기층에는 지상 70m에서 360도 파노라마 전망을 감상할 수 있는 무료 전망대가 있었다. 무료 전망대에 올라가 보았는데 후쿠오카의 탁 트인 전망과 다양한 배들이 오가는 하카타만의 풍경에 가슴까지 시원해지는 느낌이었다. 높은 곳에서 내려다보는 도시의 풍성은 언제 보아도 기분 좋다.

하카타 토요이치

하카타 베이사이드까지 왔는데 110엔 스시를 안 먹고 갈 수 없었다. 예전에는 일명 '100엔 스시'로 명성을 얻었는데 지금은 물가 인상으로 110엔이 되었다. 하카타만에서 갓 잡은 생선으로 만든 신선한 스시를 종류에 상관없이 110엔이라는 가격에 먹을 수 있어서 현지인은 물론 관광객들의 발길이 끊이지 않는 곳이다. 110엔 스시를 먹으러 하카타 토요이치博多豊いち를 찾아갔는데, 후쿠오카 사람들이 스시를 먹으러 전부 여기에 모였나 싶을 정도로 사람이 많았다. 대기 리스트에 이름을 적고 바다도 둘러보고 쇼핑몰도 구경하면서 시간을 보내고 왔는데도 줄이 좀처럼 줄지 않아서 포기하고 스시를 포장해서 호텔에 가서 먹기로 했다.

스시 종류는 대충 보아도 스무 가지는 넘어 보였다. 같은 가격이니 비싼 것 위주로 담는 것이 이익이다. 마구로(참치)가 보이면 무조건 담았고 내가 좋아하는 연어나 날치알, 문어도 넣고 다양하게 골랐다. 계산을 마치고 바로 호텔로 돌아가는 버스를 탔다. 그리고 언제나 들리는 드러그 스토어에 가서 인스턴트 미소시루도 하나 구입했다. 스시는 따뜻한 녹차나 미소시루와 먹어야 제맛이 난다. 마침 아무도 없는 호텔 라운지

에서 하카타 포트에서 공수해 온 110엔 스시를 조심스럽게 꺼내 맛을 보았다. 놀라울 정도로 맛있었다. 매일 아침 나가마 어항에서 들어온 신선한 해산물을 초밥 장인

이 직접 만든다고 하던데 정말 기대 이상이었다. 초밥 위에 올라간 생선은 비린내 하나 없이 입에서 사르르 녹아내렸고 두께도 꽤나 두툼했다. 후쿠오카의 회 두께는 다른 도시의 1.5배라는 이야기가 있다. 회를 공수할 때 드는 경비나 가게 세 등이 저렴해서 좋은 재료를 싸게 제공할 수 있기 때문이다. 이렇게 신선하고 맛있는 스시를 다 합쳐서 천 엔 조금 넘는 가격으로 먹을 수 있다니, 스시를 좋아하는 사람이라면 꼭 하카타 토요이치를 가야한다. 하카타 베이사이드는 항구 특유의 분위기와 아름다운 후쿠오카의 전망, 맛있는 110엔 스시까지, 무리하게 시간을 내지 않아도 후쿠오카의 새로운 모습을 느낄 수 있는 곳이었다.

이치란 본사 총본점 一蘭 本社総本店
영업시간 24시간, 연중무휴

하카타 포트 타워 博多ポートタワー
개관시간 10:00~17:00 (최종 입장은 16:40)
휴관일 수요일(수요일이 공휴일이라면 다음날 휴무), 연말연시(12월 29일 ~1월 3일)

하카타 토요이치 베이사이드 플레이스 하카타 博多豊一 ベイサイドプレイス博多
영업시간 월요일, 화요일, 목요일 11:00~20:30 금요일 11:00~21:30 토요일 10:30~21:30 일요일 10:30~17:30 정기 휴무 수요일

1박 2일 유후인 온천 여행

유후인 료칸 세이코엔

여행은 어쩌면 조금씩 익숙한 것에서 벗어나는 연습이 아닐까. 오늘은 익숙해진 하카타를 떠나 유후인으로 1박 2일 여행을 떠나는 날이다. 일본에서 '동쪽은 가루이자와, 서쪽은 유후인'이라는 말이 있을 정도로 유후인은 천혜의 자연환경과 아기자기한 마을 풍경, 맛있는 먹거리로 일본 여성들이 가장 동경하는 온천 휴양지다. 1박 2일 동안 잠시 모든 일을 내려놓고 온천과 힐링으로 나를 가득 채우는 시간을 가져보기로 했다.

아침부터 하카타에는 비가 부슬부슬 내렸다. 한 손에는 간단한 짐, 한 손에는 우산을 들고 하카타역 버스 터미널에서 고속버스를 탔다. 후쿠오카의 고속버스는 시내버스와 다른 점이 없었다. 안전제일이다. 고속도로라고 하여 급하게 달리는 법이 없었고, 벨을 누르면 차가 완전히 정차한 후에야 사람들이 하나둘 자리에서 일어났다. 굳이 다른 점을 하나 찾자면 버스 내에 화장실이 있다는 것. 그래서 고속버스인데도 중간에 휴게 시간이 없었다. 고속버스 안 화장실을 써본 친구의 말을 빌리면 버스가 계속 흔들려 불안했다고…. 화장실은 미리미리 다녀오자.

유후인으로 가는 길은 자연 그 자체였다. 끝없이 펼쳐진 논과 밭, 굽이진 산, 일본식 주택과 건물, 공장이 띄엄띄엄 놓여 있는 전형적인 시

골 풍경이었다. 창밖을 바라보다가 피곤해서 깜빡 잠이 들었는데, 눈을 떠보니 어느새 버스는 유후인 시로 들어가고 있었다. 창밖으로 울창한 초록 숲과 대나무가 끝없이 펼쳐졌다. 유후인에도 하카타처럼 촉촉이 비가 내리고 있었는데, 유후인 특유의 분위기 때문인지 비마저 운치 있고 감성적으로 느껴졌다.

유후인은 워낙 작은 도시라 그런지 버스 터미널 건물도 따로 없고 일반 주민들이 다니는 도로 한복판에 버스들이 나란히 서 있었다. 내가 탄버스도 어느 공터에 멈춰 섰는데, 버스 정류장 바로 옆으로 초등학교와 운동장이 보였다. 이곳 초등학교 아이들은 매일 유후인으로 오고 나가는 관광객을 구경하고 있을 것이다. 뒤로는 유후인 주민들을 지켜주는 수호신 유후다케 산이 영험하고 신비스러운 자태를 뽐내고 있었다.

유후인에서의 첫날은 특별한 일정이 없었다. 료칸에서 푹 쉬며 유후인 온천을 즐기는 것뿐이었다. 유후인에서 머물 료칸은 유후인 료칸 세이코 엔ゆふいん宿 清孔苑으로 숙박과 아침, 저녁 식사까지 포함하여 1박 기준 성인 2인 30만 원 정도에 머물 수 있는 가성비 료칸이었다. 당일에 유후인 역에서 료칸까지 송영 서비스도 제공한다고 하여 전화를 해보니 체크인 시간인 오후 3시에 맞춰 하얀색 봉고차가 유후인 역으로 갈 예정이라고 조금만 기다려 달라고 하셨다.

차가 오기를 기다리는 사이 유후인 역 주변을 잠시 둘러보았다. 유후인 역 안에는 한국인 작가의 미술품 전시가 열리고 있었고 뒤쪽으로는 유후인노모리로 보이는 예쁜 열차가 하나 서 있었다. 역 앞에는 유후인 지역 오미야게를 파는 기념품 샵이 있었고 유후다케 산까지 이어진 큰 길가에는 여러 상점이 나란히 늘어서 있었다. 현지인보다 관광객이 많아서 분주하면서도 활기찬 분위기가 감돌았다.

오후 3시가 되자 하얀색 봉고차 하나가 역 앞으로 왔다. 송영 서비스를 예약한 사람들이 모두 모이고 나서야 료칸으로 출발할 수 있었다. 료칸은 유후인 역에서 걸어서는 15분, 차로는 5분 정도 거리에 있었다. 운전하시는 아저씨가 "오늘 날씨가 별로 안 좋네요." 하며 안타까운 듯 말씀하셨지만, "제가 기대했던 가장 유후인 같은 날씨인데요? 너무 좋아요!"라고 대답했더니 다행이라며 웃으셨다.

유후인 료칸 세이코엔

세이코엔은 산속 어느 비밀 별장에 온 듯한 신비스럽고 멋스러운 곳이었다. 검은색 목재로 통일된 깔끔한 로비에는 유카타가 색과 사이즈별로 정돈되어 있었고 내부 곳곳이 아기자기하면서 일본스러웠다. 프런트에서 체크인을 하며 내일 체크아웃 시간, 돌아갈 때 송영 서비스 여부, 가족탕 시간, 식사 시간, 남녀 대욕장 등을 꼼꼼히 안내받은 뒤 직원분이 방까지 동행해서 방 안 이곳저곳을 설명해 주셨다. 객실은 작은 다다미방이었는데 들어가자마자 다다미 냄새가 매우 진하게 났다. 친구에게 다다미 냄새가 난다고 말하니 일본 사람에게 다다미 냄새는 마음을 안정시켜 주고 옛 추억을 상기 시켜주는 냄새라고 했다. 가만히 있어도 힐링 되는 온천의 분위기를 만끽하며 편히 쉬다가 5시에 예약해 둔 가족탕으로 갔다.

가족탕이란 규슈 지방에서 가족끼리 온천욕을 즐길 수 있는 '전세탕'을 지칭한다. 이런 단어가 탄생한 계기는 아이가 있는 집에서 가족이 함께

들어갈 수 있는 온천을 갖고 싶다는 지역 사람들의 목소리가 커지면서였다고 한다. 규슈는 워낙 온천이 많은 지역이기도 하고 또 온천을 가족과 함께 즐기는 문화가 있기에 이런 용어도 자연스레 생겨났을 것이다. 가족탕 안으로 들어가니 뜨거운 온천 증기가 온몸에 맞부딪혔다. 너무나 그리웠던 온천의 냄새와 습도였다. 온천물을 살짝 만져보니 물 온도가 전혀 뜨겁지 않아서 가볍게 몸을 씻고 바로 몸을 담갔다. 뜨끈한 열기가 온몸으로 퍼지고 미끈미끈한 촉감이 기분 좋았다. 유후인 온천수는 근육통, 신경통, 관절염, 피로 회복에 좋은 효능이 있다고 하던데 기분 탓이겠지만, 온몸이 개운해지며 여독이 온천물에 씻겨 내려가는 것 같았다.

뽀얀 개운함을 안고 목욕탕에서 돌아온 뒤 온천 여행의 하이라이트 가이세키 요리를 먹었다. 세이코엔의 가이세키 요리는 시작부터 인상적이었는데 전채로 나온 유후인 두부 식감이 꼭 젤리 같았다. 두부인데 어떻

게 이런 식감을 낼 수 있는 것인지 신기하고 또 신기했다. 두부에도 개성이 있었다. 나중에 안 사실이지만, 유후인의 다른 가게에서 먹은 유후인 두부도 같은 식감이었다. 생선회 모듬도 신선하면서 씹을수록 고소했고 일본에서도 맛이 진하기로 유명한 규슈 간장에 찍어 먹으니 더욱 맛이 살아나는 느낌이었다. 메인 요리로는 오이타현의 최고급 소고기 분고규가 나왔는데 입에서 녹아버릴 정도로 부드러웠고 특유의 향도 있었다.

  료칸에서 먹은 음식 중 가장 맛있었던 음식을 뽑으라면 단연 분고규를 꼽고 싶지만, 사실 분고규만큼 맛있는 음식이 '밥'이었다. 아무리 맛있다고 소문난 밥집을 가도 다 비슷하게만 느껴졌는데, 료칸에서 먹은 밥은 내 좁은 식견으로도 확연히 느낄 수 있을 정도로 맛이 달랐다. 보기에도 윤기가 자르르 흐르고 씹을수록 고소했다. 밥이 오히려 요리의 맛을 더 살려줄 수 있다는 것을 처음 느꼈다. 유후인은 예로부터 물이 풍부한 지역이니 밥도 이렇게 맛있는 것이 아닐지 식사하는 내내 혼자 추측해 보았다. 식사를 마치고 방에 돌아오니 보는 것만으로도 포근함이 느껴지는 이불이 깔려 있었다. 그 위에 누우니 스르륵 눈이 감겼다. 좋아하는 소설의 한 구절을 떠올리며 그대로 잠이 들었다.

나는 가능하다면 교토에서 도망쳐 나와 아무도 모르는 곳으로 가 버리고 싶었다. 무엇보다도 조용한 곳. 텅 빈 여관의 방 한 칸. 깨끗한 이부자리. 좋은 냄새가 나는 모기장과 풀을 빳빳하게 먹인 유카타. 그런 곳에서 한 달쯤 아무것도 생각하지 않고 누워 있고 싶었다.

- 카지이 모토지로梶井基次郎의 소설『레몬檸檬』中

유후인 료칸 세이코엔 ゆふいん宿 清孔苑

주소 오이타현 유후인시 유후인초 가와카미 1208-1

체크인 15:00~17:00

체크아웃 10:00

온천세 200 엔

동화 같은 온천 마을 유후인

긴린코

유후마부시 신

유노츠보 거리

미르히

새소리에 눈을 뜬 적이 언제였는지 기억나지 않는다. 아침부터 지저 귀는 새소리, 움직일 때마다 나는 다다미 냄새, 폭신한 이불, 정적인 분위기. 오로지 일본 온천에서만 맞을 수 있는 아침이었다. 부지런히 대욕장에 가서 몸을 씻고 온천탕에도 잠깐 들어갔다가 아침을 먹으러 식당으로 갔는데 식탁에는 놀라울 정도로 멋진 한 상이 차려져 있었다. 오이타

현 향토 요리 단고지루(된장국 베이스에 칼국수 면이 들어간 음식)를 비롯해 미소시루, 그 외 반찬들 하나하나가 정성을 다해 준비한 선물처럼 느껴져 감사한 마음으로 먹었다.

긴린코

료칸에서 제공하는 차를 타고 다시 유후인 역으로 돌아왔다. 어제 계속 내리던 비도 그쳤다. 이제 유후인을 마음껏 여행할 시간이다. 유후인의 대표 명소 긴린코 호수로 향했다. 보통은 유노츠보 거리를 구경하다가 긴린코로 이동하는 것이 일반적인데 오늘도 어김없이 내 구글 지도는 유노츠보 거리가 아닌 뒷길로 안내하고 있었다. 이 정도면 내가 앱을 잘 사용하고 있는 것이 맞는지 심각하게 의문이 들기는 한다. '이 방향이 맞아?' 갸우뚱했지만, 그저 따라갈 수밖에 없었다. 목적지는 분명 긴린코 호수를 향하고 있었다. 다른 사람들이 다 가는 예쁜 유노츠보 거리를 놔두고 다른 길로 가는 것이 처음에는 못마땅했지만, 다행히 그 생각은 얼마 가지 않아 사라졌다.

사람들의 발길이 닿지 않는 뒷길은 시야를 가로막는 건물 하나 없이 탁 트인 평지에 작은 냇가에는 물이 졸졸 흐르고, 시골에서 맡았던 풀과 흙냄새가 났다. 시골 친할머니 집 마당에 푸릇한 잔디가 있었는데, 비가 오고 나면 꼭 이런 냄새가 났다. 작은 다리를 건너 비포장 흙길을 열심히 걸어가는데 〈호타루의 집〉이라는 료칸이 보였다. 료칸 옆에는 '호타루蛍, 반딧불이는 천연기념물이니 만지지 말라'는 문구가 쓰여 있었다. 혹시 이곳에 반딧불이가 사는 것일까? 그러고 보니 내가 방금 건너왔던 다리 이름도 호타루미바시蛍観橋, 호타루를 볼 수 있는 다리였다. 정말 유후인에서는 반딧불이를 볼 수 있는 것이었다. 유후인은 관광객들로 365일 북적거리는 관광지인데 자연을 얼마나 잘 관리했으면 아직도 이렇게 청정한 지역이 남아 있을 수 있는지 놀랍기만 했다.

유후인의 시골 풍경을 눈에 가득 담으며 계속 앞으로 걸어가니 긴린코

호수 푯말이 나왔고 주변에 한국인 관광객도 많아졌다. 낮은 언덕을 타고 올라가자 긴린코가 모습을 드러냈다. 호수가 햇빛에 비쳐 깨끗하고 영롱한 빛을 내뿜고 있었고, 뒤로 유후다케 산이 어우러져 감탄을 자아냈다. 긴린코金鱗湖, 금빛 비늘이 비치는 호수라는 이름은 일본의 어느 학자가 호수에서 뛰어오른 물고기의 비늘이 석양에 비쳐 금빛으로 빛나는 것을 보고 이름 지었다고 하는데, 이름처럼 호수에서 금방이라도 잉어들이 하늘로 튀어 오를 듯했다.

긴린코는 호수 밑바닥에서 온천수가 뿜어져 나와 일교차가 큰 계절이나 아침에는 호수 위로 물안개가 자욱하게 끼는 환상적인 풍경을 볼 수 있다. 우리는 점심시간이 다 되어 가는 바람에 물안개는 볼 수 없었지만, 산책길을 따라 유유히 걸으며 긴린코 호수 특유의 고요함과 여유로움을 만끽했다.

유후마부시 신

긴린코 호수에서 유후인 역으로 돌아와 점심을 먹으러 갔다. 유후마부시 신由布まぶし 心은 유후인에 가면 꼭 가보라고 일본 지인이 추천해 준 가게로 분고규, 유후인의 토종닭, 규슈의 장어를 사용한 덮밥 전문점이

다. 우리가 가게에 도착했을 때는 사람들이 식사를 마치고 나가는 시간 대라 다행히 자리가 많이 비어 있었다. 나는 고민 없이 어제 맛있게 먹었던 분고규 마부시를 주문했다.

음식이 나오길 기다리는데 여러 반찬이 올라간 큰 접시가 먼저 나왔다. 처음에는 음식이 잘못 나온 줄 알고 우리는 주문한 적 없다고 말했는데, 알고 보니 주문한 음식이 나오기까지 전채 요리를 먹으며 기다려달라는 사장님의 깊은 마음 씀씀이였다. 하지만 전채 요리라 하기에는 너무나 호사스러운 한 그릇이었다. 오쿠라부터 달걀말이, 우메보시(매실 장아찌), 아나고 뼈 튀김, 토란, 수제 참깨 두부와 조림, 우엉, 죽순 등 종류도 다양했다. 유후인에 와서 몇 번이나 음식으로 환대받는 느낌이 들었다.

전채 요리를 거의 다 먹고 배가 조금 찰 무렵 기다리던 분고규 마부시

가 나왔다. 크고 깊은 항아리에 밥이 보이지 않을 만큼 쌓인 분고규가 자르르 윤기를 내며 올려져 있었다. 분고규는 특제 소스로 양념해 숯불에 구워서 불 향이 은은히 나면서도 부드럽고 감칠맛이 났고 유즈코쇼나 다양한 향신료와 같이 곁들여 먹으니 더욱 맛있었다. 마지막에 항아리 밑에 눌어붙은 누룽지에 가다랑어 베이스의 육수를 부어 오차즈케로 먹으니, 양이 무척 많았는데도 어느새 그릇이 텅텅 비어있었다.

유노츠보 거리

점심까지 먹고 드디어 유노츠보 거리湯の坪街道로 향했다. 유노츠보 거리는 JR 유후인 역에서 긴린코 호수까지 이어지는 관광 거리로 건물들은 오래된 목조 건물에 톤 다운 된 색감이 만연한 늦가을을 연상케 했고 길을 따라서는 금상고로케를 비롯해 롤 케이크, 벌꿀 아이스크림, 치즈 푸딩 등 먹거리가 넘쳐나고 이색적인 상점과 기념품 가게가 많아 사람들의 발길을 붙잡았다. 상점 이곳저곳을 구경하다가 유후인에 오면 꼭 가보고 싶었던 디저트 가게를 발견해서 얼른 줄을 섰다.

미르히

미르히Milch는 유후인 지역에서 생산된 신선한 우유로 만든 푸딩과 치즈 케이크, 소프트아이스크림 등을 판매하는 가게로 특히 '케제 쿠헨'이라는 갓 구운 치즈 컵케이크로 유명하다. 크림치즈, 우유, 설탕, 달걀 등을 혼합한 반죽을 컵에 담아 갓 구워낸 컵케이크인데, 따끈한 수플레 같은 촉감과 크림치즈의 부드러움이 시중에 파는 치즈케이크와는 비교가 안 될 정도로 고급스러운 맛이 났다. 컵 크기가 너무 작아서 네 입 정도 먹으니, 순식간에 다 사라져 버렸지만 아쉬움이 남아서일까 더욱 기억에 오래 남는 맛이었다.

유노츠보 거리 여기저기를 구경하며 돌아다니다 보니 어느새 하카타행 버스 시간이 다 되어있었다. 아직 더 해보고 싶은 게 많은데 이대로 떠나야 한다니⋯. 온천 여행은 언제나 진한 아쉬움을 남긴다.

1박 2일의 짧은 여행이었지만 유후인은 내 몸과 마음을 100% 충전시켜 주는 여행이었다. 청정한 자연과 치유의 온천, 맛있는 음식, 평화로운 분위기까지. 유후인은 최고의 힐링 여행지였다.

긴린코 호수 金鱗湖

주소 오이타현 유후시 유후인쵸 가와카미 1561-1

입장료 무료

유후마부시 신 유후인 역 앞 지점 由布まぶし 心 湯布院駅前支店

영업시간 10:30~16:00, 17:30~21:00 (L.O 런치 15:30, 디너 20:00)

유노츠보 거리 湯の坪街道

영업시간 09:00~17:30 (점포에 따라 다름)

미르히 Milch

영업시간 09:00~17:30 연중무휴

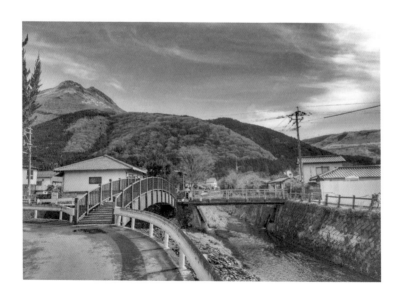

후쿠오카 여행은 딸기 탕후루맛

이토킹구

후루후루 하카타

겨울의 후쿠오카는 가히 명란과 딸기 천국이라 해도 과언이 아니다. 모든 백화점, 상업시설, 음식점, 심지어 편의점까지 공통 테마는 명란과 딸기다. 후쿠오카 딸기로는 아마오우라는 품종이 유명한데 아카이赤い, 빨갛다 마루이まるい, 둥글다 오오키이大きい, 크다 우마이うまい, 맛있다의 첫 글자를 따서 만든 이름이다. 아마오우 딸기를 가장 맛있게 즐기는 방법은 '아마오우 딸기로 만드는 디저트는 누구에게도 지지 않는다!'라는 엄청난 자신감으로 똘똘 뭉친 아마오우 딸기 전문 디저트 가게 이토킹구伊都きんぐ에 가는 것이다.

이토킹구

이토킹구 텐진점의 문을 열고 들어가니 어디에서도 맡아본 적 없는 향긋한 딸기 냄새가 났다. 만약 누군가 딸기 향이 나는 향수를 만든다 해도 이보다 더 좋은 향을 만들 수는 없을 것이다. 아마오우 딸기가 한 개 통째로 들어간 도라야끼를 사서 2층으로 올라갔다. 2층 유리창 밖으로 예전에 갔던 케고 신사가 보였다. 어느덧 후쿠오카 곳곳에 무엇이 있는지 알게 된 나 자신에 놀랐다. 이토킹구의 도라야끼는 폭신한 빵과 향긋하

고 달달한 딸기, 고급스러운 앙코가 어우러져 말할 필요 없이 맛있었다. 그런데 주위를 둘러보다가 특이한 점 하나를 발견했다. 2층에 있는 사람들이 모두 '이치고 아메'

를 먹고 있는 것이었다. 이치고 아메는 딸기 탕후루를 말하는데 딸기에 설탕물을 입혀 굳혀서 먹는 간식이다. 호기심이 생겨 이치고 아메를 얼른 하나 사 왔다. 이치고 아메를 한 입 깨무니 달달한 설탕물이 깨지면서 아마오우 딸기의 향과 단맛이 더해져 어디에서도 먹어 본 적 없는 신세계가 펼쳐졌다. 세상에서 가장 맛있는 딸기 탕후루를 맛보려면 후쿠오카에 가야 한다.

이토킹구를 나와 점심으로는 카로노우롱이라는 역사 깊은 우동집에 갈 생각이었지만, 항상 사람이 많지 않던 카로노우롱에 오늘따라 사람들이 너무 많아 도저히 들어갈 수가 없었다. 도대체 왜 갑자기 오늘만 이렇게 많은 것인지 모르겠다. 친구에게 후쿠오카의 맛있는 우동 한 그릇 먹여서 보내고 싶었는데 비행기 시간 때문에 바로 헤어질 수밖에 없었다. 나는 호텔로 돌아와 잠시 눈을 붙였는데, 자고 일어나니 오후 4시였다. 유후인 여행이 끝났다고 생각하니 괜히 마음이 울적해져서 계속 침대 속에서 뒤척거리다가 밖으로 나왔다.

후루후루 하카타

날씨가 벌써 많이 풀려서 후쿠오카의 저녁 바람은 평소보다 따뜻하게 느껴졌다. 목적지도 없이 정처 없이 걷다가 캐널시티까지 와 있었는데 캐널시티 옆 후루후루 하카타FULL FULL HAKATA의 명란 바게트 모형이 눈에 띄었다. 후루후루 하카타는 1986년부터 명란 바게트만 30년 이상을 만들어 온 후쿠오카의 대표 명란 바게트 빵집이다. 딱히 가고 싶은 곳도 없고 명란 바게트도 갑자기 먹고 싶어서 문을 열고 안으로 들어갔다.

후루후루 하카타는 일반 빵집처럼 진열대에 여러 종류의 빵들이 올려져 있었다. 하지만 역시 사람들의 관심은 오로지 명란 바게트였다. 창가 쪽에 자리를 잡고 명란 바게트를 하나 사려는데 크기가 클 것 같아 물어보니 작은 사이즈는 없다고 한다. 가격이 400엔이라 비싸지도 않아서 그냥 명란 바게트 하나를 주문했다. 명란 바게트는 워낙 주문량이 많아 가게에서 하루에 50번 이상 구워낸다고 한다. 그래서 빵 판매대에는 명란 바게트가 없고 주문을 하면 직원이 갓 구운 명란 바게트를 오븐에서 가져와 주는 형식으로 운영되고 있었다. 명란 바게트는 겉보기에 일반 명란 바게트와 크게 다르지 않았는데, 한 입 먹은 순간 깜짝 놀랐다. 다자이후에서 먹었던 명란 바게트도 롯폰마쓰의 아맘다코탄의 빵도 맛있었지만, 이곳의 멘타이 프랑스는 차원이 달랐다. 바게트의 겉면은 바삭이 아닌 '파삭'에 가까웠고 속은 너무나 쫄깃하면서 부드러웠다. 명란의 풍미가 입안 가득 퍼지고 고소하면서 짭짤한데 전혀 짜지 않고 적절히 간이 배어 있었다. 이렇게 숙소에서 가깝고 맛있는 명란 바게트 가게를 이제야 발견하다니, 아쉽고 또 아쉬운 마음에 계속 손이 갔다.

명란 바게트를 다 먹고 가게를 나왔을 때는 해가 저문 깜깜한 밤이었다. 캐널시티 1층에서 초코 바나나 크레페 하나를 사서 3층으로 올라갔다. 저녁 분수 쇼는 낮과 구성과 노래는 똑같았지만, 저녁이어서인지 조명과 특유의 축제 분위기도 가미되어
또 다른 매력이 있었다. 아름다운 저
녁의 분수 쇼를 감상하면서 점심에
친구에게 제대로 후쿠오카 우동 한
그릇 대접하지 않고 보낸 것이 마음
에 걸렸다. 내 마음대로 되지 않는 여
행, 계획대로 되지 않아서 짜증이 날
때도 있고 아쉬울 때도 있지만, 그냥
나 자신과 상황을 인정할 수밖에 없다. 나도 오늘이 처음이었으니까.

　오전에 먹었던 이토킹구의 딸기 탕후루도 생각났다. 달고 향긋했던
그 맛이 잊히지 않았다. 인생도 항상 그렇게 달달하고 향긋하면 얼마나
좋을까. 하지만 글을 쓰는 지금은 안다. 캐널시티에서 크레페를 먹으며
분수 쇼를 보고 한가로운 저녁 시간을 보냈던 후쿠오카에서의 그 시간이
딸기 탕후루보다 더 달달하고 행복한 시간이었다는 것을.

이토킹구 텐진점 伊都きんぐ 天神店

영업시간 판매점 11:30~21:00, 카페 12:00~20:00

정기 휴일 2번째, 4번째 월요일

후루후루 하카타 THE FULL FULL HAKATA

영업시간 10:00~19:00

정기 휴일 매주 화요일

후쿠오카에서 열심히 살지 않는 방법

롯폰마쓰 츠타야

소후 커피

아침부터 비가 추적추적 내렸다. 여행을 다녀온 뒤의 공허함일까. 오늘은 한 템포 쉬어갈 타이밍인 것 같았다. 그냥 호텔에서 푹 쉬기로 했다. 오늘만큼은 정말 그렇게 하고 싶었다. 하지만 이 마음은 역시나 몇 시간을 가지 못하고 깨졌다. 호텔에서 아무 생각 없이 누워 있는 것보다 공허한 마음을 후쿠오카 감성으로 채우는 일이 나에겐 더 적절한 휴식 같았다. 하카타역으로 가서 롯폰마쓰 행 버스를 탔다. 롯폰마쓰는 이번이 두 번째 여행인데, 오늘 하루 '롯폰마쓰 카페 투어'를 해봐도 좋을 것 같았다. 일기장에 붙이는 제목처럼 나만의 하루에 제목을 붙이는 것만으로도 조금은 더 특별한 하루가 된 것 같은 기분이 든다.

가장 먼저 향한 곳은 롯폰마쓰 츠타야TSUTAYA였다. 드디어 후쿠오카에서 츠타야에 갈 수 있게 되었다. 츠타야는 '라이프스타일을 제안하는 서점'이라고 불리는데 단순히 책을 파는 서점을 넘어 지역 주민들에게는 만남과 휴식의 장소가 되고 그 지역의 문화나 지역 사람들의 니즈를 반영한 책, 잡화, 음반 등을 판매하여 문화의 발신지 역할을 한다. 츠타야는 지역과 동네마다 매장 구성이나 감성이 전혀 다르기 때문에 새로운 지역에 가면 꼭 근처의 츠타야에 가보는 편이다.

롯폰마쓰 츠타야

롯폰마쓰 츠타야 입구에 올라가자마자 어느 츠타야를 가도 자리를 지키고 있는 스타벅스가 보였고 입구에는 '롯폰마쓰가 소개하는 책 코너'가 마련되어 있었다. 롯폰마쓰 츠타야의 각 장르 담당자가 지금 가장 읽었으면 하는 책 여섯 권을 골라 진열해 놓은 것이라 한다.

여섯 권의 책을 찬찬히 살펴보는데 그중에서 유독 손이 가는 책 한 권이 있었다. 제목은 『대충사는 이탈리아 생활 - 이탈리아 거주 15년 된 저자가 발견한 열심히 살지 않는 방법』이었다. 일러스트레이터인 저자가 이탈리아에 살면서 체험한 이탈리아인의 여유롭고 낙관적인 생활 방식을 쓴 책이었는데 책 옆의 작은 설명글에는 '나답게 자유롭게 살아가는 이탈리아인'이라고 적혀 있었다.

책을 좌르르 넘기며 많은 생각이 들었다. 실은 롯폰마쓰로 오는 버스 안에서 고민과 걱정을 한가득 안고 왔기 때문이다. '지금 내가 후쿠오카에서 잘하고 있는 것이 맞나?' '어디를 더 가봐야 하는 것 아닐까?' 부정적인 생각만 가득했던 나에게 이 책은 '대충해도 괜찮다, 어떻게든 되니까.'라고 말해주는 듯했다. 무엇이 그렇게 나를 조바심 나게 했던 것일까. 너무 모든 것을 잘 해내려는 마음이 나를 힘들게 한 것은 아닐까. 이 책의 메시지처럼 '나답게 자유롭게 살아가는 후쿠오카 주민'이 오늘부터라도 되어보는 것이다. 아직 늦지 않았다.

다른 진열대에도 매우 흥미로운 코너가 있었다. 오로지 라멘과 우동에 관해서만 다룬 잡지 코너였다. 진열대 가장 위에 놓여있는 〈후쿠오카 2023 라멘 새로운 시대Fukuoka 2023 ラーメン新時代〉라는 잡지 한 권에는 새로운 라멘을 알리는 내용으로 가득했다. 나는 그동안 후쿠오카를 대표하는 유명한 라멘이나 후쿠오카 주민들에게 오랫동안 사랑받아 온 라멘만을 찾아다니고 그것이 진짜 후쿠오카의 라멘이라고 믿었는데 후쿠오카 사람들은 기존의 라멘이 아닌 새로운 라멘을 찾고 원하고 있었다.

실제로 일본의 한 기사에 따르면 2018년부터 후쿠오카에 새로 생긴 라멘 가게 대부분이
돈코츠 라멘이 아닌
다른 종류의 라멘非
豚骨ラーメン, 비돈코츠
라멘 전문점이었다
고 한다. 후쿠오카

사람들은 초등학교 급식으로 돈코츠 라멘을 먹고 돈코츠 라멘 맛 인스턴트 라멘이 집에 항상 구비되어 있다고 한다. 하지만 아무리 맛있는 음식도 계속 먹으면 질리는 법! 후쿠오카 사람들의 취향이 혹시 변한 것은 아닐까라는 의문에서 시작한 기사였다. 결론을 먼저 밝히면 돈코츠 특유의 냄새가 싫어서 다른 라멘을 찾는 사람들이 자연스레 많아졌고 후쿠오카에 다른 지역 출신들이 많이 유입되면서 다른 라멘을 찾게 되었기 때문이라는 내용으로 기사는 마무리된다. 잡지를 보며 어쩌면 내가 정말 중요한 것을 놓치고 있는 것은 아니었을까 하는 질문을 던질 수밖에 없었다.

그렇게 책을 계속 살펴보다가 '토마토 라멘'에 관한 기사를 보았다. 그러고 보니 후쿠오카에 오기 전, 친한 동생이 요즘 일본에서는 토마토 라멘이 유행이니 후쿠오카에 가면 꼭 먹어보라고 추천해 줬던 기억이 났다. 아무래도 조만간 토마토 라멘을 먹으러 가봐야 할 것 같다.

롯폰마쓰 츠타야에서 후쿠오카 사람들은 어떤 책을 보는지 살펴보는 재미에 푹 빠져서 시간 가는 줄 몰랐다. 좋은 분위기에서 책과 잡지를 보고 스타벅스에서 커피 한 잔 마시면서 씨티 팝 관련 책과 엘피판을 일일이 손으로 만지며 롯폰마쓰의 감성을 가득 채웠다.

소후 커피

롯폰마쓰 카페 투어 두 번째 장소는 소후 커피そふ珈琲다. 소후 커피는 츠타야가 있는 롯폰마츠 421이 있는 중심 거리에서 한참 뒤쪽으로 들어간 노포가 즐비한 골목길에 있었다. 투박한 주변 가게들 속에서 돋보이는 예쁜 하얀 건물이 있었다. 문 앞에는 작은 꽃다발이 걸려있었는데, 꽃무늬 프린트의 예쁜 앞치마를 입고 작고 앙증맞은 디저트를 준비하고 계실 여성분을 상상하며 카페 문을 열자 "요우코소(어서 오세요)"라고 다정하게 인사를 건네며 나온 사장님은 남자였다.

카페 안에 아무도 없는 걸 보니 내가 소후 커피의 첫 손님인 것 같았다. 서두르길 잘했다. 자리에 앉아 시크니처 메뉴인 카페 모카를 주문했

고 디저트로는 사과로 만든 디저트를 주문하려 했으나 사장님께서 양이 혼자 먹기에는 많다고 하시며 대신에 판나코탄이라는 디저트를 추천해 주셨다. 푸딩 종류인데 보통 푸딩은 달걀로 만들지만, 판나코탄은 주재료가 생크림이란다. 캐러멜도 위에 올라가서 달달하고 맛있으니 적극 추천한다며 친절히 설명해 주셨다. 이런 친절한 설명을 듣고도 안 시킬 수 없다. 판나코탄을 주문하고 한숨 돌리며 천천히 카페를 둘러봤다.

소후 카페의 소후는 일본어로 할아버지라는 뜻의 소후そふ라고 한다. 사장님이 언제나 성실했던 할아버지를 존경하는 마음을 담아 지었다고 하는데, 이름에서부터 사장님의 소박하면서도 따뜻한 마음이 느껴졌다. 그래서인지 카페 안의 인테리어, 조명, 분위기, 음악 모든 요소에 부드러움과 따뜻함이 녹아 있었다. 카페의 분위기만으로도 기분이 좋아졌다.

주문한 카페 모카는 말랑말랑한 크림 위에 초콜릿 소스가 빙글빙글 올라가 있어 보는 것만으로도 미소가 지어졌고 커피 맛이 너무 진하지 않고 달콤해서 누구나 좋아할 만한 맛이었다. 판나코탄은 푸딩보다 더 탱글탱글하면서 진한 생크림이 농축된 맛에 적당히 단맛이, 마지막에는 고급스러운 캐러멜 맛이 났다. 사장님의 추천대로 시키길 잘했다는 생각이 들었다. 카페 안에 흐르는 잔잔한 음악을 들으며 글을 쓰는 시간을 보냈다. 손님들에게 친절하게 메뉴를 설명해 주시는 사장님의 목소리가 음악의 선율처럼 기분 좋게 들려왔다.

오늘은 롯폰마츠에서 새롭게 시작할 힘을 기른 하루였다. 좋은 에너지를 많이 충전했으니 남은 일주일, 후회 없이 나만의 페이스로 후쿠오카를 즐기고 싶다.

롯폰마쓰 츠타야 서점 六本松 蔦屋書店

영업시간 07:00~23:00 (현재 영업시간 단축 중 10:00~22:00)

비정기 휴무

소후 커피 そふ珈琲

영업시간 13:00~17:00 (L.O 16:00)

정기 휴무 매주 수요일

세상에서 가장 재미있는 공부

원조 토마토 라멘 삼미(333)

다이호 라멘

아침에 외출 준비를 하고 라운지에 올라가 보니 공부하는 학생들로 라운지가 공부방이 되어 있었다. 어제 하카타를 돌아다니다가 한 건물 앞에 '대학 시험장'이라고 쓰여 있는 큰 표시판을 봤던 기억이 떠올랐다. 하카타 호텔에서 숙식하며 대학 입시 시험을 준비하는 학생들이었다. 학생뿐 아니라 아들과 함께 호텔에 머물며 이것저것 살뜰히 챙기는 어머니도 있었다. 다자이후에 이어서 일본의 조용하지만 뜨거운 교육열을 느끼는 순간이었다. 앳된 학생들의 얼굴에는 약간의 긴장감과 열정이 비쳤다. 공부와 여행은 언뜻 보면 전혀 관련이 없는 듯 보이지만, 새로운 것을 배운다는 점에서 공통점을 갖고 있다. 학생들을 보며 나도 더욱 후쿠오카를 열심히 공부해 보고 싶어졌다. 물론, 여행처럼 재미있는 공부라면 평생하고 싶다.

원조 토마토 라멘 삼미(333)

어제 롯폰마츠 츠타야의 잡지에서 봤던 토마토 라멘을 먹으러 가기로 했다. 원조 토마토 라멘 삼미元祖トマトラーメン三味(333) 지점 중 하나가 마침 하카타역에 있었다. 24시간 영업이라 한국 사람들은 야식이나 해장하러 많이 간다고도 하던데 해장국 비슷한 맛일까 싶으면서도 처음 먹는 토마토 라멘이라 어떤 맛일지 전혀 상상이 되지 않았다.

직접 마주한 토마토 라멘은 라멘이라기보다는 토마토 스튜에 가까워 보였다. 면 위에 생토마토는 물론 셀러리, 시금치 같은 야채도 많이 올라가 있어서 건강한 한 끼 식사 느낌이었다. 국물은 이탈리안 요리사가 8년에 걸쳐 만들어 낸 오리지널 스프라고 하는데 고소하면서 담백하고 토마토의 신맛이 특유의 감칠맛을 살려주었다. 돈코츠 라멘은 만들 때 돼지기름을 사용하는데 토마토 라멘은 올리브유를 사용한다고 한다. 그래서 더 라멘이라기보다는

스튜 맛이 난 것인지도 모른다. 최고급 이탈리아산 치즈를 토마토 육수에 듬뿍 넣어 만든 치즈 리소토도 맛있었다. 토마토 라멘 자체가 양이 많지 않아서 리소토까지 먹으니 배가 조금 든든해졌다.

돈코츠 라멘을 좋아하지 않거나 혹은 좀 더 새로운 라멘을 먹고 싶다면 토마토 라멘은 색다른 도전이 될 것이다. 나는 일반 돈코츠 라멘의 꼬릿하고 진한 국물 맛을 좋아하지만, 토마토 라멘도 나름의 매력이 있어서 좋았다. 새로운 도전은 두려울 때도 있지만, 맛있는 라멘을 향한 도전은 늘 설레고 즐거울 것 같다.

구루메 다이호 라멘

하카타역 카페에 들러 일을 하다가 문득 아사코 언니가 추천해줬던 구루메 다이호 라멘이 떠올랐다. 규슈에서 최초로 돼지뼈 국물 라멘이 탄생한 것은 1940년 전후의 후쿠오카현 구루메 시에서였다. 후쿠오카에 온 김에 잠시 가보아도 좋았지만, 구루메는 후쿠오카 시내에서 차로 30분이나 걸리는 거리에 있어서 라멘만을 먹으러 구루메까지 가는 것은 조금 망설여졌었다. 그런데 고민할 필요 없이 구루메 라멘의 대표 체인점이 텐진에 있었던 것이다.

텐진역에서 내려 지도를 따라 어느 골목으로 들어가니 다이호 라멘大砲ラーメン이 보였다. 문을 열고 들어갔는데 오후 4시라는 애매한 시간대인데도 사람들이 꽤 많았다. 돈코츠 라멘과 볶음밥을 주문하고 주방이 바로 보이는 자리에 앉았다. 테이블에는 진한 초록색 녹차가 놓여 있었다. 물도 좋지만, 왠지 일본 음식을 먹을 때는 녹차가 더 어울리는 느낌이다. 유리판 너머로 보이는 주방에서는 불길이 확 치솟더니 달그락거리는 소리가 들렸고 얼마 안 있어 내가 주문한 라멘과 볶음밥이 연이어 나왔다.

라멘의 국물을 우선 맛봤다. 일반 돈코츠 라멘보다 두 배는 더 진한 국물에 잡냄새가 하나도 없고 차슈는 그대로 입 안에서 녹아버릴 정도로 부드러웠다. 라멘 위에 독특한 식감의 작은 튀김이 올라가 있었는데 알

고 보니 돼지비계 튀김이었다. 정체를 알고는 조금 놀랐지만, 돈코츠 라멘과 굉장히 잘 어울리고 바삭거리는 과자 같은 식감이어서 맛있게 먹었다.

다이호 라멘은 이제껏 먹었던 돈코츠 라멘 중 단연 최고였다. 전통과 원조는 역시 무시할 수 없다. 당장 구루메로 달려가 라멘 탐방을 하고 싶어질 정도였다. 주문한 갓달걀볶음밥 역시 너무 맛있어서 순식간에 다 먹어버렸다. 내가 좋아하는 타카나(갓)를 이렇게 듬뿍 넣은 볶음밥은 어디에서도 먹기 힘들 것이다. 후쿠오카의 중심가 텐진에서 돈코츠 라멘의 원조 구루메 라멘을 먹을 수 있다니! 다음에 후쿠오카에 오면 꼭, 꼭 다시 와서 다른 라멘도 맛보고 싶다.

원조 토마토 라멘 삼미(333) 하카타역동점 元祖トマトラーメン三味(333) 博多駅東店

영업시간 매일 24시간 영업

구루메 다이호 라멘 텐진 이마이즈미점 久留米 大砲ラーメン 天神今泉店

영업시간 10:30~22:00

정기 휴무 1월 1일

물의 고장 야나가와를 물들이는 히나마츠리

와카마츠야

야나가와 뱃놀이

오하나

기타하라 하쿠슈 기념관

야나가와柳川는 후쿠오카현 남부에 위치한 소도시로 도시 전체가 수로로 연결되어 있어서 '일본의 베니스'로 불리는 곳이다. 야나가와 시내를 지나는 수로의 길이를 모두 합치면 약 930km에 달하는데, 이 길이는 서울역과 부산역을 왕복하고도 남는 거리다. 야나가와는 약 400년 전 에도시대1603~1868 때 야나가와 성주가 성을 방어하기 위해 주변의 강물을 끌어와 수로를 만들었고, 성 아래에 사람들이 모여 살기 시작하면서 형성되었다. 당시의 거리와 운하 배치는 거의 변하지 않은 채 현재까지 보존되어 있어서 역사적으로도 높은 가치를 지닌다. 이러한 설명만으로도 야나가와에 갈 이유는 충분하지만, 사실 이번에 야나가와에 가게 된 이유는 따로 있었다.

야나가와에서는 2월 중순부터 4월 초순까지 '사게몬 메구리'라는 축제가 열린다. 사게몬 메구리는 일본 4대 히나마츠리(3월 3일에 기념하는 여자 어린이의 날) 축제 중 하나로 여자아이가 태어난 것을 기뻐하고 건강하게 자라기를 기원한 야나가와 지역만의 풍습이다. 사게몬이란 옷감을 이용해 둥글게 만든 장난감인데 옛날 가정에서 히나 인형을 장식하기에는 인형이 너무 비싸서 어머니와 할머니, 친척과 이웃의 오래된 기모노 천으로 여러 모양의 작은 인형을 만들고 그것을 하나하나 끈으로 연결해 매달아 히나마츠리를 대신했다고 한다. 이 풍습을 다른 지역의 사람들도 즐길 수 있도록 야나가와 마을 전체에 장식하여 꾸미고 사람들을 불러 모으기 시작한 것이 야나가와 사게몬 메구리의 시작이다. 지역 주민들이 이어온 전통 축제에 가는 것만큼 그들의 삶을 깊이 체험할 기회

가 있을까. 아사코 언니의 제안으로 사게몬 메구리를 보기 위해 야나가
와로 향했다.

아사코 언니는 개인적인 일이 있어 나중에 합류하고 나는 니시테쓰 구
루메역에서 아사코 언니의 친구 마이 언니와 합류해 야나가와로 이동하
게 되었다.

구루메역에서 처음 만난 마이 언니는 시원시원한 성격에 귀여운 눈웃
음이 매력적이었다. 내가 차를 타자마자 어제 한국어를 공부하는 언니
들과 한국 요리점에 갔는데 삼겹살과 구절판을 먹고 너무 맛있어서 오늘
아침에 배달로 또 시켜 먹었다며 한국에 꼭 가고 싶다는 이야기를 해주
어서 기뻤다.

마이 언니는 후쿠오카에서 태어나고 자란 찐 후쿠오카 현지인으로 일
때문에 치바에서 잠시 살다가 남편과 결혼하면서 같이 후쿠오카로 돌
아왔다고 했다. 왜 후쿠오카에 돌아올 생각을 하게 되었냐고 물으니 "글
쎄…. 살기 좋으니까?"라는 대답이 돌아왔다. 나도 이제는 안다. 후쿠오
카가 얼마나 살기 좋은 도시인지. 나도 한 달 살기를 하며 이대로 계속
후쿠오카에서 몇 년 더 살면 어떨까 하는 생각을 몇 번이나 했다. 아직
다 보지 못한 후쿠오카의 아름다운 자연도 보러 다니고 싶고 아직 결론
이 나지 않은 라멘과 우동 배틀의 승패도 한번 가려보고 싶다. 차를 타고
가며 언니와 여러 이야기를 나누었는데 그중 재밌었던 이야기 하나를 소
개한다.

후쿠오카는 시내와 공항이 가까워서 불편한 점이 많았는데 언니가 다
녔던 초등학교에는 비행기가 너무 학교 가까이 낮게 날아서 비행기 소

리가 교실에 크게 들릴 정도였다고 한다. 지금이야 학교 교실마다 에어 컨이 있는 것이 당연하지만, 언니가 어릴 적만 해도 에어컨이 있는 학교 가 흔하지 않았다고 한다. 하지만 여름에 너무 더워 창문을 열면 비행기 소리 때문에 시끄러워서 공부가 안되는 정도였기 때문에 일본의 그 어떤 지역보다 빨리 에어컨을 설치하게 되었고 다른 지역 친구들이 학교에 에 어컨이 있는 것을 굉장히 부러워했다고 한다. 공항이 가까운 도시는 좋 은 점도 있지만 이런 불편한 점도 있구나 싶었다.

언니와 이런저런 이야기를 하다 보니 금방 야나가와에 도착했고 아사 코 언니도 합류했다. 마침 딱 12시, 점심시간이었다. 야나가와는 예로부 터 장어가 유명하여 밥 위에 장어구이와 달걀을 얹고 증기로 찐 '세이로 무시'가 지역의 명물이다. 세이로무시 전문점 와카마쓰야若松屋에 갔는데 앞에 10팀 정도가 기다리고 있어서 번호표를 뽑은 다음 주변을 좀 둘러 보고 다시 오기로 했다.

야나가와는 시내를 잔잔히 흐르는 물처럼 조용하고 평화로운 마을이 었다. 곳곳에 자리한 버드나무가 바람에 살랑였고 가옥과 건물들, 수로 에 떠 있는 나무배는 예스러움을 더해주었다. 길 곳곳에 예쁜 사게몬 장 식이 걸려 있어 화려한 매력도 갖고 있었다. 사게몬 장식을 구경하며 사 진도 찍고 이곳저곳 둘러보다가 오래되어 보이는 생선가게에 들렀다. 언 니들은 아이들을 키우는 주부라 이곳까지 왔으니 싱싱한 해산물을 사서 돌아가고 싶은 모양이었다. 생선 가게 아저씨는 야나가와의 여러 생선을 소개해 주셨는데, 아리아케해 갯벌에서 잡히는 무쓰고로(짱뚱어)라는 생선도 있었다. 푯말에는 무려 '에일리언'이라고 적혀있었다. 야나가와

에서만 볼 수 있는 해양 생물을 현장 체험을 나온 학생처럼 이것저것 관찰하는 사이 언니들은 바지락이며 반찬이며 신선한 해산물을 잔뜩 고르고 양손에 가득 들고나왔다.

와카마츠야

다시 와카마츠야로 돌아갔는데, 다행히 시간을 잘 맞춰서 바로 들어갈 수 있었다. 와카마츠야 건물은 1, 2층에 빈자리 없이 빼곡히 세이로무시를 먹으러 온 사람들로 가득 차 있었다. 와카마츠야는 150년을 이어온 전통 있는 장어 요리 전문점으로 옛날 방식 그대로 특제 양념을 바른 장어를 숯불에 구운 후 나무통에 넣고 밥과 함께 쪄낸다. 여기서 핵심은 양념장을 바른 장어는 자칫하면 금세 타버릴 수 있으므로 한 마리 한 마리 손으로 만져가며 상태에 따라 굽는 시간을 달리해야 한다는 점이다.

세이로무시는 빨갛고 작은 대나무 통에 나왔는데 위의 뚜껑을 여는 순간 장어의 풍미가 코로 확 풍겼다. 두툼하게 잘린 장어는 기름기가 올라와 있었고 장어와 밥에는 달짝지근한 양념장이 잘 배어 있었다. 함께 나오는 장어 내장국, 츠케모노와 같이 먹거나 산초를 뿌려서 먹으니 더욱 맛이 좋았다. 양이 너무 많아서 반절 정도 남기긴 했지만, 야나가와의 옛 전통의 맛을 경험해 본 시간이었다.

야나가와 뱃놀이

야나가와에서는 뱃사공이 전통 복장을 하고 긴 장대로 노를 저어주는 뱃놀이를 체험할 수 있다. 여행 팁으로 야나가와에 갈 때 니시테쓰 왕복권과 야나가와 뱃놀이를 포함하는 세트 권을 미리 구입하면 저렴하고 편리하게 이용할 수 있다. 뱃놀이 때 타는 목선을 돈코부네라고 부르는데, 우리는 한 외국인 가족과 함께 돈코부네를 타게 되었다. 할아버지, 부부, 아이 3대가 같이 뱃놀이를 즐기러 온 모습이 화목하고 보기 좋았다. 온 가족이 함께 즐기며 추억을 쌓기에도 좋은 체험이라는 생각이 들었다.

뱃사공은 배를 타는 내내 야나가와라는 고장에 관한 이야기, 뱃놀이의 유래, 야나가와의 문인 기타하라 하쿠슈 등 여러 이야기를 들려주다가 갑자기 노래 한 곡조를 뽑아내기도 하며 흥을 돋웠다. 수로 곳곳에 다리

가 많았는데 다리 밑을 통과할 때 우리는 최대한 고개를 숙이고 뱃사공은 다리 위로 뛰어올랐다가 배가 다리를 통과해서 나오면 배 위로 뛰어내리는 곡예도 선보였다. 갑자기 뱃사공이 노래를 불렀다가 사라지고 다시 나타나니 정신이 없기도 했지만, 너무 정적일 수도 있는 뱃놀이에 즐거움이라는 요소를 더해준 느낌이었다.

뱃사공이 젓는 대나무 장대 소리와 흔들리는 물소리, 살랑이는 버드나무와 무거운 녹색 빛 강물은 모든 걱정을 잠시 잊게 할 정도로 낭만적이었다. 뱃사공 말로는 야나가와에 갓파(물속에 산다는 일본의 전설 속 요괴)가 살았다는 전설이 내려온다고 하던데 전혀 근거 없는 이야기는 아닌 것처럼 느껴졌다.

오하나

신선놀음 뱃놀이를 마치고 다음으로 향한 장소는 오하나御花였다. 오하나 저택은 야나가와를 통치했던 다치바나 가문의 별장으로 1697년에 지어져 1909년에 리모델링 되었다. 저택의 면적은 7천 평에 이르며 영빈관으로 쓰였던 서양관, 다다미 100조 규모의 일본관과 정원 쇼토엔, 다치바나 가문의 역사적 자료 5천여 점을 전시한 역사 자료관, 고급 레스토랑과 료칸 등으로 이루어져 있다. 야나가와의 소박한 마을 풍경과 상

반되는 화려한 귀족의 저택을 만날 수 있는 곳이다.

오하나 입구 매표소에서 입장권을 구매하고 안으로 들어갔는데, 유독 한 쪽에 사람들의 웅성거리는 소리가 들렸다. 무슨 일인가 해서 가보니 형형색색의 화려하고 아름다운 색으로 장식된 사게몬과 히나인형 단이 그림처럼 꾸며져 있었다. 사람들 모두 감탄하며 사진을 찍느라 정신이 없었는데, 어떤 사진으로도 실물의 감동을 전부 담을 수는 없을 것 같았다. 아사코 언니도 이렇게 화려한 히나마츠리 장식은 처음이라고 했다. 옆 방에서는 방송국 카메라를 들고 다니는 촬영기사의 모습도 보였다.

히나마츠리 단을 나와 건물 안쪽으로 걸어 들어가니 다다미 100조가 깔린 다다미방 오히로마大広間가 나왔다. 연회장 용도로 만든 곳이라고 하며 현재도 결혼식과 피로연, 공연 등이 열린다고 한다. 오히로마 앞에는 쇼토엔松涛園이라는 일본 정원이 있다. 오하나 저택의 꽃이라 불리는

쇼토엔은 물, 나무, 바위의 조화가 완벽하여 일본식 정원의 진수를 보여
준다는 평가를 받아 국가 명승지로 지정되어 있다. 야나가와의 풍부한
물, 280여 그루의 노송과 1,500여 개의 정원석으로 조성되어 있고 작은
돌 하나까지 의미를 두어 만들었다고 한다. 쇼토엔을 바라보며 오히로마
마루에 걸터앉으니 바람을 따라 들어오는 솔향이 가슴을 탁 트이게 했
다.

　오히로마를 나와 다시 기다란 복도를 따라 걷다가 계단을 따라 위로
올라갔다. 오하나는 규모도 규모지만, 서양식 건물과 일본식 건물이 혼
재되어 있어서 구조가 복잡하게 느껴졌다. 이러한 건축 양식은 당시 부
유층 사이에서 유행했던 건축 양식이라고 한다. 계단을 올라가니 1900

년대 메이지 시대의 분위기가 고스란히 느껴지는 서양식으로 꾸며진 방들이 나왔다. 샹들리에, 벽지, 식탁 등 모든 소품이 당시 모습 그대로 보존되어 있었다. 방 곳곳을 누비며 과거 영주의 삶을 상상해 보았다.

오하나에는 또 한 곳 다치바나 가문의 역사 자료관이 있는데, 과거 야나가와를 통치했던 다치바나 영주들의 혼례 의상, 일상 의복, 차와 도구, 전쟁 때 입었던 갑옷 등을 전시해 놓은 곳이다. 전시관이란 과거의 역사를 기념하기 위해 만들어지지만, 사실 다치바나 가문의 역사는 지금까지도 이어지고 있다. 다치바나 가 사람들은 선대가 지었던 오하나를 지키기 위해 대를 이어 야나가와에 머물면서 야나가와 관광 활성화의 중추적인 역할을 하고 있고 현재는 18대 당주 다치바나 치즈카라는 분이 야나가와에 살면서 오하나를 경영, 관리하고 있다고 한다. 이야기만으로도 그들의 야나가와를 사랑하는 마음, 가문에 대한 자부심을 느낄 수 있었다. 다치바나 가문이 계속되는 한 역사와 낭만이 감도는 야나가와는 영원할 것이다.

기타하라 하쿠슈 기념관

야나가와 여행의 마지막 장소는 기타하라 하쿠슈北原白秋 기념관이었다. 기타하라 하쿠슈는 조금 전 뱃놀이에도 등장했던 작가인데 한국에는 많이 알려지지 않았지만, 일본에서는 대표 근대 시인으로 추앙받는 작가다. 기타하라 하쿠슈는 어린 시절을 야나가와에서 보냈는데 '야나가와에서 보낸 어린 시절은 내 시의 모체'라고 말할 만큼 야나가와를 사랑했던 문인으로 알려져 있다.

기타하라 하쿠슈의 생가를 복원해 만든 기념관에는 그가 어릴 적 사용했던 책상을 비롯해 육필 원고, 녹음된 음성 자료, 그의 인생을 주제로 제작되었던 영화 포스터와 촬영 당시의 모습을 찍은 자료와 사진들을 볼 수 있었다. 2층에는 다큐멘터리 형식으로 하쿠슈의 일대기를 기록한 영상물이 있었는데 무려 19분 길이의 내용이었는데도 재밌게 봤다. 옛날 야나가와, 도쿄의 모습을 영상으로 볼 수 있는 것은 물론 하쿠슈가 친구의 죽음을 계기로 문인의 길로 가기로 한 일, 도쿄로 가서 세 번의 결혼을 하고 30여 곳을 이사 다녔던 일, 말년에 다시 야나가와로 돌아왔을 때 자신을 맞이해 주는 야나가와 사람들의 열렬한 환호에 눈물을 흘린 일, 가난 때문에 시작한 동요 작사 일이 국민 작사가라는 타이틀을 가져다주었던 일 등 파란만장한 그의 일생이 감동적인 드라마 한 편처럼 펼쳐졌다. 물론 이것은 지극히 개인 취향이다.

옆에서 같이 영상을 봐준 아사코 언니는 조금 지루해하면서 나를 기다려 줘서 미안했다. 하쿠슈의 대표작인 동요 '이 길この道'은 일본에서는 모르는 사람이 없는 국민 동요라고 한다. 정보를 찾아보니 윤동주 시인도 생전에 이 시를 좋아해서 동생들에게도 들려주었다고 하는데, 기타하라 하쿠슈 기념관을 다룬 김에 이 시를 소개해 보겠다.

この道はいつか来た道	이 길은 언젠가 왔던 길
ああ そうだよ	아 그래
アカシアの花が咲いてる	아카시아꽃 피어 있네
あの丘はいつか見た丘	저 언덕 언젠가 봤던 언덕
ああ そうだよ	아 그래
ほら 白い時計台だよ	봐, 흰 시계탑이야
この道はいつか来た道	이 길은 언젠가 왔던 길
ああ そうだよ	아 그래
おかあさまと馬車で行ったよ	엄마랑 마차로 갔었지
あの雲もいつか見た雲	저 구름도 언젠가 봤던 구름
ああ そうだよ	아 그래
さんざしの枝もたれてる	산사나무 가지도 드리워 있네

기념관을 끝으로 야나가와 역에서 아사코 언니와 작별 인사를 했다. 언니는 나가사키, 구루메, 이토시마, 야나가와까지 후쿠오카의 많은 곳을 함께해 주었다. 언니의 도움과 배려로 훨씬 재미있고 풍성한 후쿠오카 한 달 살기를 보낼 수 있었다. 아사코 언니를 만나며 느꼈지만, 해외여행의 진짜 묘미는 현지인과 함께한 추억과 시간이다.

돌아온 하카타역 스타벅스 광고판에는 벚꽃 빛 봄이 와 있었다. 스타벅스에 들어가 일본에서 매년 먹었던 봄 한정 음료 사쿠라 프라푸치노를 먹으며 오늘의 여행을 정리했다. 봄바람보다 더 따뜻한 후쿠오카의 사람들을 떠올리며 행복하고 또 행복했다.

와카마츠야 若松屋

영업시간 11:00~20:00 (L.O 19:15)

정기 휴무 수요일, 셋째 화요일 (공휴일은 영업)

오하나 御花

운영시간 09:00~18:00 (사료관 입장 09:00~17:30) 연중무휴

입장요금 성인 1,000엔 고등학생 500엔 초등생 · 중학생 400엔 (쇼토엔 ·

서양관 · 다치바나 가문 사료관 모두 포함)

기타하라 하쿠슈 기념관 北原白秋記念館

영업시간 09:00~17:00 (입장은 16:30 까지)

정기 휴무 화요일, 연말연시

입장요금 성인 700엔 고등학생 400엔 초등생 · 중학생 300엔

후쿠오카의 역사를 이어온 맛

카로노우롱

미츠야스세이카엔

간소나가하마야

후쿠오카 한 달 살기가 이제 정말 며칠 남지 않았다. 한 달이라는 시간이 이리도 짧게 느껴질 줄 몰랐다. 아쉬움보다는 앞으로 남은 시간에 더 집중하면서 보내고 싶었다. 오늘은 마지막으로 아끼고 아껴두었던 '후쿠오카 역사 맛집 기행'을 떠나보기로 했다.

카로노우롱

카로노우롱은 후쿠오카 현지인들이 '우동' 하면 가장 먼저 떠올리는 가게로 1882년에 창업해 무려 140년이 넘는 시간 동안 후쿠오카의 대표 우동 가게로 명성을 이어왔다. 창업 당시 변변한 간판도 없이 영업을 시작했는데, 단골 사이에서 이곳을 '모퉁이 우동집'이라고 부르면서 그 이름을 쓰게 되었다고 한다. 카로노우롱의 카로かろ는 모퉁이かど, 우롱うろ ん은 우동うどん의 하카타 방언이다. 그리고 가게는 지금도 그 자리, 그 길 모퉁이에 있다.

지난 주말에는 사람이 너무 많아서 포기하고 돌아갔는데 오늘은 평일 점심이라 그런지 한산했다. 관광객이 많을 줄 알았는데 의외로 점심을 간단히 먹으러 온 현지인이 대부분이었다. 카로노우롱 내부에는 하카타

민예품들이 천장과 벽에 진열되어 있어서 하카타 민속관에 온 듯한 느낌도 들었다. 예전 우동 가게는 내부를 이런 식으로 장식해 놓았던 것일까. 독특한 분위기라 사진

한 장 남기고 싶었지만, 아쉽게도 내부 사진 촬영이 엄격하게 금지되어 있어서 찍지는 못했다. 니쿠 우동을 하나 주문했고 내 앞자리에 앉은 사람이 먹고 있는 이나리스시가 너무 맛있어 보여서 이나리스시도 추가했다. 이나리스시는 일본의 유부초밥으로 한국보다 조금 더 시큼하면서 집에서 만든 듯한 소박한 맛이 난다.

카로노우롱의 니쿠 우동은 볶은 소고기와 파를 듬뿍 올린 전형적인 옛날 우동이었다. 국물은 싱거운 듯하면서도 깊이가 있으면서 부드러웠고 면도 후쿠오카의 우동을 대표하듯 매우 부드러웠다. 카로노우롱에서 우동을 먹다가 깨달은 사실 하나! 후쿠오카 우동 가게에서는 파를 무료로 준다. 도쿄에서는 우동을 먹을 때 파 토핑 요금을 따로 냈는데, 후쿠오카에서는 잘게 썬 초록색 파를 담은 그릇이 식탁 위에 놓여 있거나 직원분이 우동을 가져다주시며 파를 넣을 것인지 의향을 물어보고 그냥 넣어주셨다. 후쿠오카 사람들은 먹는 것에 진심인데다 인심까지 좋다.

미츠야스세이카엔

우동을 후루룩 먹고 나와 하카타와 기온 사이의 나카고후쿠마치라는 동네로 걸어갔다. 1716년 창업하여 300년이 넘는 역사를 지닌 하카타에서 가장 오래된 찻집, 미츠야스세이카엔光安青霞園에 가기 위해서다. 한국에 돌아가기 전에 한 번쯤은 일반 카페가 아닌 일본 전통찻집에 가보고 싶었다.

미츠야스세이카엔은 외진 골목길의 아파트 1층 상가에 있었다. 몇백년을 이어온 찻집이 아파트와 한 건물에 있다니, 이곳이 내가 찾는 그 찻집이 맞는지 눈을 의심할 수밖에 없었다. 오랜 세월을 버텨내며 시대의 흐름에 따른 결과였을 것이다. 빨간색 노렌을 열고 안으로 들어가니 전체적으로 깔끔한 목조 인테리어에, 진열대에는 다양한 종류의 티백 패키지가 놓여 있었고 옆 책상에는 직원분이 조용히 차를 내리고 계셨다. 차가 어찌나 향기롭던지 마음이 가라앉고 차분해졌다. 작은 차실로 안내를 받고 야메八女차와 말차 초콜릿을 주문했는데, 차 한 잔에 2가지 디저트가 포함되어 있으니 한 가지 디저트를 더 골라달라고 하셨다. 고민하다가 말차 다쿠아즈를 선택했다.

차 맛은 생각보다 썼다. '으~ 쓰다'라고 생각하며 초콜릿을 먹었는데, 차와 너무나 잘 어울리며 쓴맛이 단숨에 사라졌다. 일본 차는 달달한 디저트와 같이 먹어야 한다는 사실을 너무 오랜만이라 잊고 있었다. 차의 향기와 맛은 차를 음미할수록 더욱 진하게 느껴졌다. 가게 안에 있는 손

님은 나밖에 없었지만, 가게 문을 여닫는 소리는 계속 들렸다. 진열대의 티백을 선물용으로 많이 사 가는 것 같았다. 간단히 일도 처리하고 혼자만의 시간을 즐기다가 막 일어서려는데 60대 정도로 보이는 여성 두 분께서 가게로 들어오셨다. 내 옆자리에 앉아 주문하시는데 만쥬와 모나카가 또 품절이냐고 왜 계속 없느냐며 아쉬워하셨다. 내가 먹었던 초콜릿, 다쿠아즈도 맛있었지만, 이곳의 인기 디저트는 만쥬와 모나카인 것 같다. 매일 가는 카페가 조금 지겨워졌거나 때로는 특별한 분위기에서 좋은 차를 마시고 싶은 날에는 미츠야스세이카엔이 분명 좋은 답이 되어줄 것이다.

간소 나가하마야

점심에 후쿠오카를 대표하는 원조 우동집을 갔으니, 저녁에는 후쿠오카를 대표하는 돈코츠라멘 가게에 가면 재밌는 먹방 여행이 될 것 같다. 후쿠오카 돈코츠 라멘은 크게 두 종류로 나누는데, 1941년 후쿠오카 나카스 야타이에서 시작된 하카타 라멘博多ラーメン과 1955년 나가하마 항에서 맑은 국물을 이용해 만든 나가하마 라멘長浜ラーメン이다. 내가 그동안 하카타에서 먹었던 라멘 대부분은 하카타 라멘에 속하고 오늘 먹으러 갈 라멘은 후자인 나가하마 라멘이다. 나가하마 라멘의 원조 가게라 불리는 '간소 나가하마야元祖長浜家'에 가기 위해 나가하마 항으로 향했다.

나가하마 항 정류장에 내리자, 오른쪽 도로변 길가에 '라멘 원조' 간판을 단 라멘 가게들이 길게 늘어서 있었다. 제대로 찾아온 것 같다. 마침 배도 좀 고파져서 후다닥 가게 안으로 들어갔다. 생각보다 가게가 오래된 느낌은 아니었고 직원들도 다 젊은 사람들이었다. 앉아서 메뉴판을 받았는데, 순간 이상함을 느꼈다. 분명 원조 나가하마 라멘은 메뉴가 딱 한 개뿐이라고 들었는데 메뉴가 너무 많고 심지어 교자와 라이스 세트까지 있다. '메뉴가 좀 바뀌었나…' 생각하며 메뉴판 위를 보니 '나가하마 넘버원 나가하마점'이라고 쓰어 있었다. 직감했다. 잘못 들어왔다는 것을. '원조' 간판을 단 라멘집이 너무 많다 보니 다른 가게를 들어온 것이다. '어떡하지, 대충 먹고 나갈까? 아니면 그냥 죄송하다 하고 나가버릴까?' 별생각을 다 하다가 급한 일이 생긴 척 전화를 받는 시늉을 하며 밖으로 뛰쳐나왔다. 너무 창피했다. 이런 실례를 저지르다니!

다시 정신 차리고 지도 앱을 살펴보니 10미터쯤 위쪽으로 올라간 곳에 간소 나가하마야가 있었다. 아까 잘못 들어간 라멘집과 비교하면 외관부터 차이가 나며 매우 허름했다. 가게 앞에 라멘 주문을 하는 키오스크가 있어서 마지막까지 한 번 더 확인했다. 메뉴가 나가하마 라멘과 카에다마(면 추가) 단 두 개뿐이었다. 이번에는 확실했다.

가게 안은 새하얀 벽지에 쨍한 빨간색 식탁이 여러 개 놓여 있었고 식

탁 위에는 세월이 느껴지는 빛바랜 그릇과 노란 양철 주전자가 놓여 있었다. 또 하나 눈에 띄었던 점은 직원이 대부분 외국인이라는 것이었다. 일본인은 아무리 봐

도 단 한 명뿐이었다. 후쿠오카 라멘 원조집이라 들었는데 외국인 직원이 이렇게 많다니, 저출산 고령화로 노동 인구가 심각하게 줄고 있는 일본 사회의 단면을 보는 것 같았다. 오늘 하루 어쩐지 당황의 연속이지만, 아무렇지 않은 척 키오스크에서 뽑은 표를 직원에게 건넸다. 직원은 면을 얼마나 익힐지 물어보고는 바로 면을 삶고 국물에 면을 넣었다. 면이 얇아 삶아지는 시간도 금방이었다. 라멘 한 그릇 만드는 시간이 패스트 푸드 전문점보다 빨랐다. 나가하마 라멘이 탄생하게 된 계기가 이른 새벽에 어시장 상인들이 경매 막간에 간단히 먹을 수 있도록 만든 라멘이기 때문에 나가하마 라멘의 생명은 스피드다. 삶는 시간을 최대한 단축할 수 있는 가는 면, 그리고 테이블에 미리 놓인 반찬과 그릇들도 다 조금이라도 더 빨리 먹고 가기 위한, 시간을 단축하려는 방편이었다.

나가하마 라멘은 고기와 파, 면만 있는 단순한 구성이었는데 신기하게도 한국의 설렁탕 맛이 났다. 더 자세히 비유하면 곰탕에 국수를 넣어 먹는 느낌이었다. 돌이켜보니 일본 친구들이 한국에 왔을 때 유독 설렁탕을 먹고 싶다고 말하는 친구들이 많았다. 단순히 매운 것을 잘 못 먹으니 그런가 보다 했는데 설렁탕 같은 담백하면서 시원한 국물이 일본에도 있었고 일본 사람들이 원래 좋아하던 맛이었다. 다른 사람들이 먹는 모습을 살펴보니 탁자 위에 놓인 깨와 후추를 라멘 위에 산처럼 뿌려 먹기도 하고 식탁에 놓인 빨간 베니쇼가(생강초절임)를 곁들여서 먹기도 했다. 따라 해 봤는데 생강이 아삭아삭 씹히면서 라멘의 잡냄새를 확 잡아주고 상큼하여 기름진 돈코츠 라멘과 찰떡궁합이었다.

후쿠오카 사람들은 타지역 사람에게 '역시 후쿠오카는 맛있네~'라는 말을 들을 때까지 맛집을 데리고 다닌다고 한다. 그 정도로 후쿠오카는 미식의 도시라는 자부심이 강한 곳이다. 후쿠오카에서 한 달간 살면서 다양한 후쿠오카의 음식을 맛보았고 일본 음식을 처음부터 다시 배우는 기분이 들었다. 특히 후쿠오카는 한국 음식과 비슷한 맛도 많아 정겨우면서 계속 더 미식탐방을 하고 싶은 맛있는 도시였다. 앞으로도 셀 수 없이 많은 일본 음식을 먹을 텐데 그때마다 후쿠오카에서 보낸 날들이 떠오를 것 같다.

카로노우롱 かろのうろん

영업시간 11:00~19:00

정기 휴무 화요일

미츠야스세이카엔 光安青霞園

영업시간 월~금 08:30~18:30, 토요일 08:30~17:30

정기 휴무 일요일

※ 차실 영업시간 10:00~17:00

간소 나가하마야 元祖長浜屋

영업시간 04:00~익일 01:45 연중무휴

지옥에 오신 것을 환영합니다!

벳푸 간나와

베테이 하루키

한 달 살기의 마지막은 가족 여행으로 마무리하게 되었다. 내가 후쿠오카에 와 있는 김에 가족들도 오고 싶다고 하면서 자연스레 해외 가족 여행이 된 것이다. 일정이 정해진 뒤 가장 고심했던 부분은 부모님을 어디로 모시고 갈지였다. 내 결정은 이름도 별난 벳푸別府였다. 벳푸는 명실상부 일본 최고의 온천 지역으로 2,800여 곳이 넘는 원천수에서 하루 분출되는 온천량만 13만 7천 톤에 이르고 벳푸 지역에 있는 온천만 3천여 개가 넘는다. 온천 왕국 일본에서도 온천 용출량 1위를 자랑하는 수치다. 일본 최고의 온천 여행지 벳푸를 부모님께 꼭 보여드리고 싶었다.

가족들은 새벽 비행기를 타고 오기 때문에 나도 아침에 호텔에서 체크아웃하고 공항으로 갈 채비를 했다. 비행기로 겨우 한 시간 거리긴 하지만, 오느라 고생했을 가족들을 공항에서 기다리고 있어야 할 것 같았다. 오늘로 어언 한 달간 내 소중한 집이 되어주었던 나인아워즈 호텔도 마지막이다. 이제 하카타를 곧 떠난다고 생각하니 평소에 수십 번을 걸어 다니던 거리, 거리의 사람들도 다르게 보였다. 아쉬움을 뒤로하고 하카타 버스터미널 1층의 11번 정류장으로 갔다. 후쿠오카 공항에 갈 때는 공항선 전철로 가는 방법도 있지만, 공항선 종점 후쿠오카 공항역은 국제선이 아닌 일본 국내선 청사다. 결국 셔틀버스를 타고 국제선으로 이동해야 하니 번거롭고 시간도 더 오래 걸린다. 후쿠오카 국제선 청사에 갈 때는 지하철보다 하카타역 고속버스 터미널 1층의 시내버스를 이용하면 바로 국제선에 도착하기 때문에 훨씬 편리하게 갈 수 있다.

후쿠오카 국제공항에는 후쿠오카에 왔던 첫날처럼 사람들로 바글바

글했다. 가족들이 잘 오고 있을지 걱정되는 마음으로 시간을 확인하려는 순간, 마치 드라마처럼 가족들이 도착 로비로 나오는 것이 보였다. 얼굴이 잘 안 보일 정도로 멀리 있어도 단번에 알아볼 수 있는 것이 가족이다. 약 한 달여만의 가족 상봉은 매우 무미건조했다. 동생은 이미 조금 지쳐있었고 부모님은 나를 보자마자 뭐가 이리 복잡하냐며 투정을 부렸다. 국제선의 복잡한 절차가 힘드셨던 모양이다. 후쿠오카에 있는 한 달 동안 바쁘다는 핑계로 전화도 자주 못 했는데, 역시 한 달은 가족 간에 서먹함을 만들 정도의 시간은 아니었다.

벳푸행 버스에 타자마자 나는 피곤해서 바로 잠이 들었는데, 잠깐씩 깰 때마다 본 부모님은 의자에 기대지도 않은 채 낯선 후쿠오카의 풍경을 한순간도 놓치지 않으려는 듯 창밖만 뚫어져라 처다보셨다. 그렇게 우리 가족을 태운 버스는 달리고 달려 하얀 연기가 뿜어져 나오는 한 마

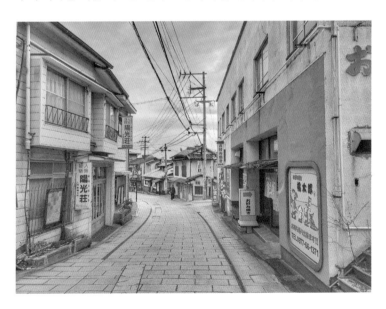

을로 들어섰다. 누가 얘기해주지 않아도 벳푸에 왔다는 것을 알 수 있었다. 어디에서도 볼 수 없는 한 폭의 그림처럼 멋있는 이 풍경을 옛날 사람들은 '지옥' 같다고 생각했다니 각자의 시각에 따라 보이는 세상도 달라진다.

벳푸에 여행을 오는 사람 대부분은 벳푸역에서 내리지만, 우리는 예약한 료칸과 오늘 갈 간나와 지옥 순례가 간나와鉄輪에 있어서 간나와 정류장에서 내렸다. 거의 만석이었던 버스 승객 중 간나와에는 우리 포함 딱 두 팀만 내렸다. 간나와 정류장에 내리니 주변에는 정말 아무것도 없는 도로 한복판이었다. 우선 짐을 좀 어딘가에 놔두고 이동해야 할 텐데 주변에 인포메이션 센터는 물론 상점 하나 보이지 않았다. 모두가 우리처럼 이곳에 오면 길을 헤매는 것인지 전봇대에 간나와 인포메이션과 버스 정류장으로 가는 약도가 간단히 그려져 있긴 했지만, 길치인 나는 전혀 읽을 수가 없었다. 동생과 열심히 찾다가 도로 밑으로 한 블록 직진해서 내려간 뒤 왼쪽으로 꺾었더니 간나와 버스 정류장이 나왔다. 다행히 매우 가까운 곳에 있었다.

짐을 전부 맡기고 몸이 가벼워지고 나서야 마을 풍경이 조금씩 눈에 들어왔다. 마을을 감싸는 특유의 유황 냄새와 곳곳에 피어오르는 하얀 수증기가 신비로운 정취를 이루어서 온천 마을에 왔다는 실감이 났다. 간나와는 마을 곳곳에 올라오는 이 뜨거운 온천 증기를 이용하여 야채나 해산물, 고기 등을 쪄서 먹었다고 하는데 그 음식을 '지옥 찜 요리'라고 부른다. 찜 이름이라고 하기에는 좀 무시무시하지만, 벳푸에서는 어딜 가든 '지옥', '도깨비', '귀신' 이런 단어를 자주 발견할 수 있다.

간나와 부타망 혼포

간나와에 온 김에 지옥 찜을 먹으러 가려 했지만, 지옥 찜 공방은 이미 만석이었다. 직원에게 물어보니 1시간은 더 기다려야 한다고 했다. 어떻게 할지 고민하던 그때 벳푸 여행을 준비하다가 가이드북에서 슬쩍 보고 지나쳤던 부타망 혼포鉄輪豚まん本舗가 생각났다. 가족들을 이끌고 바로 그 가게로 달려갔다. 부타망은 돼지고기 찐만두로 간나와 지역에서는 꽤 유명한 간식이라고 하는데 손으로 들었을 때 묵직한 느낌이 들 정도로 큰 왕만두였다. 만두 하나에 200엔으로 크기에 비해 가격도 저렴했다. 네 개를 사서 가게 옆 벤치에 앉아 먹었는데, 부모님은 옛날 시골에서 먹던 만두 맛이 난다며 한 개씩 더 추가해서 드셨다.

벳푸 지옥 순례

배를 가볍게 채우고 벳푸 여행의 하이라이트 벳푸 지옥 순례別府地獄めぐり로 이동했다. 벳푸에는 뜨거운 고온의 온천물을 순례 형식으로 볼 수 있도록 꾸며 놓은 지옥 순례 코스가 있다. 총 8개의 온천으로 구성되어 있고 이 중 다섯 개의 지옥 온천은 도보로 이동이 가능하고 나머지 두 곳

(소용돌이 지옥, 피의 연못 지옥)은 조금 떨어져 있어서 버스로 이동해야 한다. 물론 지옥 온천을 다 볼 필요는 없다. 지옥 순례 중 가장 유명하다는 바다 지옥海地獄, 가마솥 지옥かまど地獄, 흰 연못 지옥白池地獄 정도만 보아도 충분하다.

흰 연못 지옥

부타망 혼포에서 지옥 순례로 가는 길목에 흰 연못 지옥白池地獄이 있어서 바로 들어갔다. 하얀 증기가 피어오르는 엄청난 규모의 연못이 중앙에 있었는데, 무려 섭씨 95도나 되는 온천수라고 한다. 흰 연못 지옥의 온천수는 원래 투명한 색이지만, 바깥 공기에 노출되면서 급격히 떨어지는 온도와 압력 차에 의해 흰색과 옥색의 중간색으로 변한다고 한다. 이러한 과학적 가치를 인정받아 일본 국가 명승지로 지정되어 있다.

일본 정원식으로 조경된 산책로를 걸어 올라가니 위에서 내려다보이는 모습이 더 장관이었다. 의도한 것인지 아닌지는 알 수 없지만. 위에서 본 온천수 모양이 하트 모양이었다. 온천수를 배경으로 가족과 기념사진을 남기고 조금 더 위로 올라가니 뜨거운 온천수를 이용해 열대어를 사육하는 열대어 수족관이 있었다. 살짝 안을 들여다보았는데 아마존에 사는 피라냐 같은 희귀 열대어가 수조 안을 유유히 헤엄치고 있었다. 온천으로 수족관까지 만들 생각을 하다니, 역시 수족관 왕국 일본답다.

가마솥 지옥

다음 코스는 지옥 온천 순례에서 가장 인기가 많다는 가마솥 지옥かまど地獄이다. 지역 토속 신인 가마도 하치만을 모시는 신사였던 곳으로 온천에서 나오는 증기로 밥을 지어 신사에 바쳤던 것에서 유래해 가마솥 지옥으로 불리게 되었다고 한다. 그래서인지 온천 입구에서부터 거대한 솥과 가마솥 조형물, 그 옆에 방망이를 휘두르는 도깨비 모형을 볼 수 있다. 분명 매우 험상궂게 생긴 도깨비인데 이상하게도 전혀 무섭지 않았다. 가마솥 지옥 내부는 관광객들의 활기로 마치 축제에 온 것처럼 시끄

러웠다. 한껏 신이 난 관광객들이 온천 달걀을 까먹으며 족욕장에서 온천 분위기를 즐기고 있었는데 너무 사람이 많아 앉을 자리도 없었다. 우선 온천을 둘러보고 다시

오기로 했다.

　가마솥 지옥 온천은 온도에 따라 다른 빛을 띠는 연못이 6개가 있는데 온천수의 온도가 높을수록 코발트 색, 낮을수록 황색을 띤다고 한다. 어떻게 땅에서 이렇게 다양한 색의 물이 나올 수 있는지 신기하고 또 신기했다. 벳푸에 오지 않았다면 절대 보지 못했을 특별한 광경이었다. 저승에 정말 지옥 불이 있다면 의외로 이렇게 아름다운 색을 띠고 있을지 모른다. 가마솥 온천에는 마시면 10년 젊어지는 온천수 수음대(안전을 위해 80°C로 식혀서 제공되지만, 여전히 온도가 높으니 주의해야 한다)와 목과 얼굴에 쐬면 피부가 매끄러워지고 호흡기가 좋아진다는 효능의 온천 증기를 쐬는 곳이 마련되어 있었다. 어르신들은 얼마나 더 젊어지고 싶으신 건지 온천수 앞을 떠나지 않고 몇 번이나 드셨는데 나는 차마 온천수는 먹지 못하고 대신에 피부와 호흡기에 좋다는 온천 증기를 여러 번 쐬었다.

다양한 색의 온천을 하나하나 감상하다 보니 입구에 들어오면서 봤던 매점에 도착해 있었다. 그 많던 사람들은 다 어디로 갔는지 매점 안이 휑했다. 이번에는 우리가 쉴 차례였다.

온천 달걀과 라무네를 주문하러 계산대에 갔는데 메뉴에는 온천 달걀은 없고 온천 피탄溫泉ピータン만 있었다. 혹시나 중국식 삭힌 달걀이 아닐까 싶어 직원에게 물어보니 아니라고 하여 안심하고 달걀을 4개 주문했다. 달걀 껍데기를 까보니 우리가 한국 목욕탕에서 먹던 훈제 달걀이었다. 보들보들 잘 익힌 달걀에 톡 쏘는 맛의 라무네 사이다. 온천의 뽀얀 증기를 감상하며 먹는 그 맛은 말할 필요 없이 최고였다.

바다지옥

바다 지옥海地獄은 벳푸 지옥 중 가장 큰 규모를 자랑하며 천연이라고 생각되지 않을 만큼 선명한 코발트블루 색이지만, 역시 온천수의 온도는 섭씨 98도로 달걀을 삶을 수 있을 정도로 뜨겁다고 한다. 바다 지옥 안에는 큰 기념품 가게가 있어 벳푸의 오미야게를 보는 재미도 쏠쏠했는데, 대부분이 입욕제 같은 목욕 관련 상품이었다. 일본 내에서도 벳푸 입욕제는 아주 인기가 많다고 한다. 지옥 온천 세 곳을 둘러보는 것만으로도 2~3시간이 순식간에 지나갔다. 조금 지치기도 했는데 실은 피곤함보다 가져온 현금을 다 써버렸다는 사실에 당황스러워하고 있었다. 넉넉히 현금을 챙겼다고 생각했는데 가족 4명분 입장권에다 점심 식사, 간식, 짐을 보관한 라커룸까지 전부 현금을 쓰다 보니 가져온 현금이 바닥을 보인

것이다. 벳푸는 카드 결제가 전혀 안 되는 아날로그 도시기 때문에 현금
을 넉넉히 챙겨와야 한다. 다행히 바로 근처에 세븐일레븐 편의점이 있
어서 ATM 기계에서 돈을 인출했다.

베테이 하루키

　버스 정류장으로 돌아가 짐을 꺼내고 인포메이션 직원에게 택시를 불
러달라고 부탁해서 택시를 타고 료칸으로 이동했다. 우리가 오늘 머물
곳은 베테이 하루키別邸はる樹라는 료칸이었다. 베테이 하루키는 외관부
터 깔끔하고 정갈한 일본 고택의 느낌이 났고 친절한 직원분들이 나와
우리를 맞아주셨다. 객실에서 조금 쉬다가 저녁 6시부터 가이세키 요리
를 먹었는데, 객실에 식사를 직접 가져다주서서 편하게 가족과의 시간
을 보낼 수 있었다. 메뉴는 신선한 해산물은 물론 겨울 제철 음식과 오이

타현 특산물을 활용한 구성이었다. 유후인에 이어 이번에도 메인 요리로 나온 분고규는 역시나 고기의 육질이 좋고 부드러웠다. 샤부샤부 다시는 간이 적절히 맞춰져 있어서 그대로 마셔도 될 정도였다. 일본 음식은 너무 짜다며 좋아하지 않던 까다로운 입맛을 가진 동생도 그릇을 싹싹 비웠다. 저녁을 먹고 엄마, 동생과 함께 가족탕에 들어가 하루의 피로를 풀었다. 가족탕은 석조양식과 대나무가 묘하게 조화를 이룬 멋진 일본식 온천이었는데 이런 좋은 곳을 가족과 함께 즐길 수 있다니, 꿈을 꾸는 것처럼 행복했다. 한겨울의 로망 같은 벳푸의 밤이 그렇게 지나가고 있었다.

간나와부타망혼포 鉄輪豚まん本舗

영업시간 09:00~16:00 정기 휴무 두 번째 월요일

흰 연못 지옥 白池地獄

주소 오이타현 벳푸시 간나와 283-1

영업시간 08:00~17:00 연중무휴

요금 성인 450엔, 초등생 · 중학생 200엔

가마솥 지옥 かまど地獄

주소 오이타현 벳푸시 간나와 662

운영시간 08:00~17:00 연중무휴

요금 성인 450엔, 초등생 · 중학생 200엔

바다 지옥 海地獄

주소 오이타현 벳푸시 간나와 559-1

운영시간 08:00~17:00 연중무휴

요금 성인 450엔, 초등생 · 중학생 200엔

베테이 하루키 別邸はる樹

주소 벳푸현 벳푸시 신벳푸 4쿠미

체크인 시작 시간 15:00 체크인 마감 시간 17:30 리셉션 종료 시간 20:00

체크아웃 마감 시간 11:00

후쿠오카 가족 여행

지옥 찜 공방 간나와
후쿠오카 타워
시사이드모모치
니와카와 쵸스케

벳푸의 아침은 소란스럽게 시작되었다. 일본에 와서도 부지런한 아빠는 새벽에 너무 추웠다며 뭔가 이상하다고 방 이곳저곳을 살펴보셨다. 히터를 계속 켜고 자면 몸에 안 좋을 것 같아 끄고 잤는데 새벽 내내 어디선가 바람이 들어오는지 몹시 추웠다. 확인해 보니 환풍기를 켜놓고 잔 것이었다. 환풍기를 끄니 방 안이 쥐 죽은 듯 고요해졌다. 원인을 속 시원히 규명한 아빠는 밖을 좀 돌아본다고 나가셨다. 남은 세 여자는 좀 더 뒤척이며 아침의 평화로움을 즐겼다. 몇십 분 뒤 돌아온 아빠는 간나와 역 바로 전 역에 있는 벳푸 자위대까지 갔는데 아주 좋은 위치에 있다며 건너편에 보이는 항구에도 다녀왔다고 자랑하셨다. 벳푸에서 맞는 매우 일상적이면서도 특별한 아침이었다.

베테이 하루키의 아침 식사는 저녁과 똑같이 객실에서 먹었는데 옛 추억을 떠올리게 하는 검은 사각 도시락에 나왔다. 일본식 조미김, 달걀말이, 우엉볶음, 돼지고기조림, 두부, 된장국 등이 차려진 전형적인 일본 가정식 메뉴였다. 유후인도 그랬지만 오이타현 음식은 간이 적당해서 어느 음식이든 다 맛있다. 아침을 든든히 먹은 뒤 다시 한번 온천을 하러 갔다. 예전에는 온천에 오면 저녁에 한 번 들어가고 끝이었는데 일본 대학원에서 간 수학여행에서 일본 학생들이 온천을 료칸에 체크인하자마자 들어가고 저녁 먹고 들어가고 아침에 일어나서 들어가고 심지어 아침을 먹고 또 들어가는 것을 보고 충격을 받았었다. 일본 온천은 그렇게 즐기는 것이었다. 가족들 역시 내가 온천을 또 들어가자 하니 예전의 나처럼 의아해했지만, 여기까지 온 김에 또 한 번 갔다 오자는 분위기가 되어 다같이 가서 가볍게 온천물에 몸을 담그고 나왔다.

지옥 찜 공방 간나와

둘째 날은 벳푸에서 점심을 먹고 후쿠오카 시내로 돌아가는 일정이었
다. 버스 탑승 시간은 12시 45분. 체크아웃 시간이 10시라 시간이 많이
남아서 어제 못 간 지옥 찜 공방 간나와地獄蒸し工房 鉄輪에 다시 갔다. 찜
공방은 어제와 달리 오늘은 너무나 한산했는데, 대부분 우리처럼 료칸
에서 체크아웃한 뒤 바로 지옥 찜을 먹으러 오는 것 같았다. 엄마도 벳푸
까지 왔는데 간나와 찜 요리는 꼭 먹어보고 싶다고 하셔서 야외 자리에
얼른 자리를 잡았다. 지옥 찜은 우선 키오스크에서 한 팀당 끊어야 하는
400엔 식사권을 끊고 먹고 싶은 찜 요리를 고른다. 우리는 고기 해물찜,
새우찜, 도미찜을 골랐다. 조금 양이 많은 듯했지만, 기왕 여기까지 왔으
니 이것저것 다양하게 먹어보고 싶었다. 그다음으로 받은 번호표를 들
고 기다리면 계산대에서 번호를 불러주고 부엌으로 가서 고기, 해산물,

야채 등이 담긴 바구니를 받는다. 바구니를 들고 찜방으로 들어가서 유황 냄새 폴폴 나는 온천 증기 가마에 넣고 쪄 내면 된다. 채소 5분 이내, 달걀 10분, 어패류나 육류는 20분 후면 지옥 찜이 완성된다. 절차는 조금 복잡하지만, 직원이 전부 친절하게 설명해 주기 때문에 전혀 어렵지 않았다.

지옥 찜은 어느 정도 예상했던 대로 전혀 간이 배어 있지 않은 매우 건강한 맛이었다. 특유의 유황 향도 조금 배어 있었다. 맛보다는 독특한 경험에 더 큰 비중을 두면 좋을 것 같다. 벳푸 찜 요리 기원은 17세기 이전으로 거슬러 올라갈 정도로 오래되었다고 하는데 자연으로 나오는 온천 증기를 이용해 음식을 쪄 먹을 생각을 하다니! 오로지 벳푸에서만 먹을 수 있는 특별한 음식이었다.

지옥 찜을 먹으며 여유롭게 시간을 보내다가 하카타행 버스에 올랐다. 벳푸에 와서 가족과 온천을 즐기고 지옥 온천을 순례하고 온천 증기로 찐 지옥 찜을 맛보았다. 이보다 더 온천을 만끽할 수 있을까. 마치 별세상에 온 듯했던 벳푸, 벳푸는 언제나 우리를 뜨겁게 맞이해 줄 것이다.

일본에서 가족들의 가이드 역할을 담당하긴 했지만, 벳푸는 나도 처음

가본 곳이라 많이 헤맸다. 하지만 오늘 지낼 하카타는 내 구역이다. 당당히 가족들을 안내하며 가족이 머물 호텔에 도착했다. 체크인을 하고 나는 잠시 급한 일이 있어서 방에서 혼자 일을 보았다. 한 시간 정도 지났을까, 일을 마무리하고 부모님 방으로 건너갔더니 가족들이 모여 한국에서 가져온 김치 사발면을 끓여 먹고 있었다. 2박 3일 오면서 김치 사발면은 뭐고 불닭 소스는 왜 가져왔냐고 잔소리를 했는데 가족들이 너무나 맛있게 먹고 있는 모습을 보니 웃음이 나왔다. 우리 가족은 절대 해외에서는 못 살 것 같다.

후쿠오카 타워

후쿠오카를 상징하는 건축물로는 이견 없이 모두가 후쿠오카 타워福岡タワー를 이야기할 것이다. 후쿠오카 마지막 일정은 후쿠오카 타워에 가서 멋진 후쿠오카의 야경을 보며 여행을 마무리하는 것이었다. 원래는 타워까지 버스를 타고 갈 예정이었으나 비가 내려서 택시로 이동하기로 했다. 후쿠오카는 택시가 도쿄나 오사카보다 싼 편이라 이렇게 급하게 타도 큰 부담이 없다. 그런데 하카타역 택시 정류장을 가보니 택시를 타려는 사람들의 줄이 끝이 안 보일 정도로 이어져 있었다. 이렇게 긴 줄은 하카타에 살면서 처음 보는 광경이었다. 그런데 또 신기하게도 택시 한 대가 빠지면 또 어디선가 택시가 들어오고, 나가면 또 어디선가 택시가 나타나서 사람들을 싣고 떠났다. 우리도 오래 기다리지 않고 바로 택시를 탈 수 있었다.

택시 기사 아저씨에게 후쿠오카 타워로 가달라고 하니 "고속도로로 갈

까요, 아니면 일반 도로로 갈까요?"라고 물으셨다. 루트를 내가 결정해야 하는 건가? 당황했는데 내가 못 알아들었다고 생각하셨는지 자세를 고쳐잡고 더 자세히 설명을 해주셨다. 대충 들으니, 고속도로는 빨리 가고 일반 도로는 몇 번 신호에 멈춰서 더 느리다고 하셨다. 예전에 일본 고속도로 통행료가 비싸다는 이야기를 들은 적이 있어서 그냥 일반 도로

로 가달라고 부탁했다. 내 예상보다 훨씬 일반 도로로 가는 데 시간이 걸려서 동생에게 택시 타는 거랑 버스로 가는 거랑 대체 무슨 차이가 있냐며 핀잔을 듣긴 했지만, 비 내리는 후쿠오카의 시내를 택시 안에서 천천히 감상할 수 있었던 것으로 나는 만족했다.

후쿠오카 타워는 멋진 삼각형 외관에 조명이 켜지며 시시각각 색을 바꾸었고 그 빛이 밤거리를 수놓아 장관을 이루었다. 가족들도 연신 "너무 멋있다~!"라고 감탄하며 후쿠오카 타워를 계속 올려다보았다. 후쿠오카 타워는 봄에는 벚꽃, 여름에는 은하수, 가을에는 달, 겨울에는 크리스마스트리 등 계절별로 다른 라이트업을 한다. 밸런타인데이나 크리스마스 등 특별한 날에 켜지는 조명은 더욱 화려하고 예뻐서 후쿠오카 연인들의 프러포즈 장소로도 유명하다고 하니 기념일 때 후쿠오카에 온다면 후쿠오카 타워에 가서 좋은 추억을 만들어봐도 좋을 것 같다.

후쿠오카 타워 1층 매표소에서 입장권을 끊고 엘리베이터를 타러 갔는데 엘리베이터 앞이 부드러운 푸른 빛으로 가득했다. 후쿠오카 타워가 일본에서 가장 높은 해변 타워이기 때문에 바닷속에 들어와 있는 분위기를 연출한 것이라고 한다. 바다에서 이제는 하늘로 올라갈 차례다. 높이 234m, 아파트 40층 높이, 8천 장의 하프미러half mirror로 둘러싸인 후쿠오카 타워는 건물 내부에서는 바깥 풍경이 보이지만 외부에서는 타워 내부가 보이지 않는 신기술로 지어졌다고 한다. 전망대까지 올라가는 약 70초 동안 엘리베이터 안에서 유리와 철골로 이루어진 타워의 내부를 구경했다.

엘리베이터 문이 열리고 전망대에 도착했는데 우리는 모두 말을 잃었다. 그렇게 크고 웅장해 보였던 후쿠오카 타워가 좁게 느껴질 정도로 엄청난 인파가 몰려 있었기 때문이다. 주말이어서인지 연인은 물론 학생들, 가족들, 관광객까지 전부 후쿠오카 타워로 몰려온 것 같았다. 후쿠오카 타워를 갈 예정이라면 토요일 저녁은 되도록 피하는 것을 추천한다.

그래도 할 건 해야 한다. 가족사진도 여러 장 찍고 사람들 사이를 비집고 들어가 후쿠오카의 야경도 감상했다. 복잡하긴 해도 이것도 나름대로 여행 온 기분이 들어 재밌었다. 후쿠오카의 아름다운 야경을 보니 한 달간의 시간과 추억들이 파노라마처럼 스쳐 갔다. 사랑스럽고 친절한 사람들, 맛있는 음식, 아름다운 자연으로 하루하루가 감동이었고 행복했다. 언제 다시 후쿠오카에 올 수 있을까? 다시 오고 싶다는 마음으로 가득 찼다. 그때 엄마와 동생이 눈치 없이 저 예쁜 곳이 어디냐며 한 곳을 가리켰다. 깜깜한 망망대해 속에 금빛으로 빛나는 마리존이었다. 엄마는 후쿠오카 타워는 이제 다 봤으니, 저곳을 한 번 가보자 하셨다. 그렇게 얼떨결에 이번에는 마리존이 있는 모모치 해변으로 이동하게 되었다.

시사이드 모모치 해변

시사이드 모모치 해변은 이국적 분위기의 도심 속 해변으로 칠흑 같은 바다가 펼쳐진 모래사장 안에 금빛 조명으로 빛나는 유럽풍 건물 마리존이 있었다. 마리존은 후쿠오카 사람들의 결혼식 장소로도 유명한 복합형 상업 시설인데 우리가 갔을 때는 결혼식이 끝난 뒤 피로연을 하는 듯 멋진 옷을 차려입은 사람들이 모여 파티를 열고 있었다. 마리존 건물을 이곳저곳 구경하다가 한적하고 깨끗한 모모치 해변가를 걸었다. 어두운 밤

이 드리운 바닷가에서 파도 소리를 들으며 걸으니 10년 전에 처음 후쿠오카 여행을 왔을 때 시사이드 모모치 해변에 왔던 기억이 어렴풋이 났다. 그때는 해 질 녘에 왔었는데 밤에 보는 모모치 해변도 운치 있고 좋았다. 무엇보다 도심에 바다가 있다는 점이 너무나 좋았다. 파도가 일렁였고 바닷바람이 옅게 때로는 진하게 불어왔다. 시사이드 모모치 해변을 사랑하는 가족과 걷고 또 걸었다.

호텔로 돌아오자마자 엄마 아빠는 지치신 듯 바로 침대에 누우셨고 동생과 나는 마지막 밤이 아쉬워 우동 이자카야로 향했다.

니와카야 쵸스케

우동의 발상지이자 우동을 사랑해 마지않는 후쿠오카에는 우동 이자카야가 있다. 저녁 술자리 때 우동으로 마무리를 하는 사람들이 많아서

생겨났다고 한다. 그중 니와카야 쵸스케二○加屋 長介라는 유명 체인점이 하카타역 바로 옆 건물 JRJP하카타 빌딩의 지하에 있었다. JRJP하카타 빌딩은 키테 하카타에 가려져 그동안 있는지도 몰랐던 건물이었다. 의심 반, 기대 반으로 건물 지하로 내려갔는데 '역에서 삼백보 골목駅から三百歩 横丁'라는 재밌는 이름이 붙은 일본 전국의 맛집이 모인 상점가, 아니 푸드코트가 있었다. 스테이크부터 해산물, 이탈리안, 모츠나베까지 음식 종류도 다양했고 코를 찌르는 맛있는 냄새와 한껏 흥이 난 사람들의 떠들썩한 웃음소리로 제대로 요코초(술집 거리) 분위기가 났다.

니와카야 쵸스케에는 늦은 시간까지도 사람이 정말 많았는데, 운이 좋게도 두 명이 앉을 수 있는 테이블이 하나 남아 바로 들어갈 수 있었다. 자몽 사와를 한 잔씩 시키고 유튜브에서 보고 반해 점찍어 두었던 모츠 쇼유 츠케 우동(곱창 간장 츠케 우동)을 하나씩 시켰다. 곱창이 들어간 간장 베이스의 츠케멘이었는데 우동 면은 쫀득하면서 부드러웠고 대창의 고소한 맛이 국물에 진하게 흘러나와 고소했다. 같이 들어간 부추와 같이 먹으니, 모츠나베를 먹는 느낌도 났다.

맛있는 곱창 우동을 먹으며 동생과 여러 이야기를 나눴다. 이 시간이

더할 나위 없이 즐거웠지만, 한편으로 곧 후쿠오카를 떠나야 한다는 생
각에 섭섭함이 밀려왔다. 술을 잘 안 먹는 나도 취하고 싶은 밤이었다.
이렇게 계속 새벽까지 술을 마시면 오늘이 영영 끝나지 않을 것 같은 기
분도 들었다. 하지만 알고 있었다. 나의 후쿠오카 여행이 끝나가고 있음
을.

지옥 찜 공방 간나와 地獄蒸し工房 鉄輪
영업시간 11:00~21:00 정기 휴무 목요일

후쿠오카 타워 福岡タワー
영업시간 09:30~22:00 (입장 마감 21:30)
정기 휴무 6월 마지막 주 월요일, 화요일
입장료 성인 800엔 초등생 · 중학생 500엔 유아 200엔

니와카야 쵸스케 JRJP 하카타 빌딩점 二○加屋長介 JRJP博多ビル店
영업시간 11:00~다음날 00:00 (L.O 23:00) 연중무휴

에필로그

사람 냄새 진하게 나는 맛있는 도시, 후쿠오카. 이 정겨운 도시를 어떻게 기록해야 할지 고민하고 또 고민했습니다. '일본' 하면 떠오르는 독보적인 도시도 아니고 놀거리가 풍부하지도 않은, 흔히 말하는 평범한 도시. 하지만 자칫 매력이 없다는 뜻으로 오해되기 쉬운 이 '평범함'이라는 단어가 과하지도 덜하지도 않은 '적당함'의 또 다른 표현이 될 수도 있음을 보여준 도시가 후쿠오카였습니다.

후쿠오카 한 달 살기를 하며 즐거웠습니다. 훌륭하고 멋진 인생도 좋지만, 즐거운 인생만큼은 못한 것 같습니다. 후쿠오카에서는 돈이 많지 않아도 맛있는 음식을 먹을 수 있었고 도시 가까이에 산과 바다가 있고 정을 나눌 수 있는 따뜻한 사람들이 있었습니다. 후쿠오카를 다녀온 지 벌써 몇 달이 흘렀지만, 바쁜 일상에서 드문드문 후쿠오카를 떠올리면 절로 미소가 지어집니다. 나카스 강변 거리를 산책하고 이토시마 해변으로 드라이브를 떠나고 유후인 온천에서 힐링하고 오호리 공원에서 산책했던 그날들, 다시 손에 닿을 듯한 그 시간을 꿈꿉니다.

책을 마치는 아쉬움을 저에게 도움을 주신 분들께 드리는 감사로 대신하려 합니다. 언제나 든든한 내 편이 되어주시는 세나북스 대표님과 나를 지지하고 사랑해 주는, 이번 후쿠오카 한 달 살기를 함께 해준 가족과 친구들에게도 감사를 전합니다.

그리고 이 책을 선택해 주신 독자분들께도 한 분, 한 분 감사의 인사를 꼭 드리고 싶습니다. 후쿠오카에서 모두가 행복하고 즐거운 여행을 하시길 바라며 글을 마칩니다.

2023년 겨울

오다윤 드림

[부록] 후쿠오카 한 달 살기 여행 지출 내역 2023.1.18 - 2023.2.19
(여행 어플 트리플 사용)

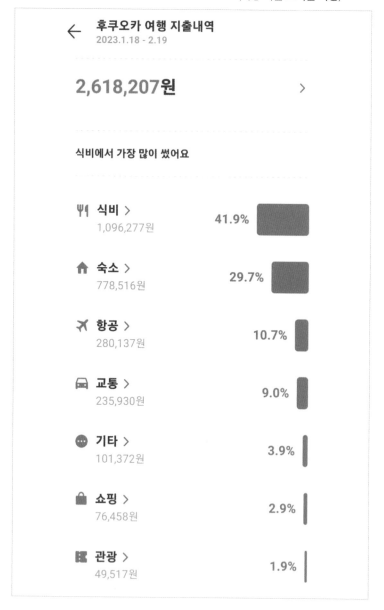

후쿠오카 여행 지출내역
2023.1.18 - 2.19

2,618,207원 >

식비에서 가장 많이 썼어요

🍴 **식비** >
1,096,277원 | **41.9%**

🏠 **숙소** >
778,516원 | **29.7%**

✈️ **항공** >
280,137원 | **10.7%**

🚗 **교통** >
235,930원 | **9.0%**

💬 **기타** >
101,372원 | **3.9%**

🔒 **쇼핑** >
76,458원 | **2.9%**

🎫 **관광** >
49,517원 | **1.9%**

한 달의 후쿠오카

행복의 언덕에서 만난 청춘, 미식 그리고 일본 문화 이야기

1판 1쇄 인쇄   2023년 12월 4일

1판 1쇄 발행   2023년 12월 11일

지 은 이   오다윤

펴 낸 이   최수진

펴 낸 곳   세나북스

출판등록   2015년 2월 10일 제300-2015-10호.

주   소   서울시 종로구 통일로 18길 9

홈 페 이 지   http://blog.naver.com/banny74

이 메 일   banny74@naver.com

전 화 번 호   02-737-6290

팩   스   02-6442-5438

I S B N   979-11-93614-00-6 03980